水辺の
公私計画論

地域の生活を彩る公と私の場づくり

一般社団法人 **日本建築学会** 編

技報堂出版

はじめに

　本書のテーマである「公私計画論」は、2014 年の『親水空間論』（日本建築学会編）に関わった小委員会が、2015 年から「水辺の公私計画論」とそれに続く「水と緑の公私計画論とマネジメント」小委員会の共同研究を経て、各委員が共有する"公私計画論"を取りまとめたものである。この間、公と私の空間を一体的に捉える研究や実施例は広がりを見せており、建築雑誌や土木学会においても、「公と私をつなぐ試み」「公私・コミュニティ」に関する特集を行っている。道路や河川の"オープン化"を進める社会実験が行われたのもこの時期である。

　過去に開催された小委員会では、「水辺」「親水」をテーマに十数年にわたる研究を重ねてきている。その成果は、『建築と水のレイアウト』（1984 年刊）に始まり、『親水工学試論』（2002 年刊）『水辺のまちづくり』（2008 年刊）『親水空間論』（2014 年刊）と続き、各時代の課題を踏まえたものとなっている。『親水空間論』では、「時代」と「場所」に焦点をあて、その「時代」では、親水空間の時代を超えた規範と同時に、時代に応じた機能の複合化に注目した。また「場所」では、水辺の境界領域の可能性に注目した。2015 年の小委員会発足時に主査であった山田圭二郎氏が提起した公私計画論を分析する重要な要件として、①異なる目的の複合的利用、②主体の多様性、③歴史性や地域性への配慮、④利害の異なる関係の調整、⑤結果を取りまとめるデザイン性の 5 つを提起されたが、本小委員会が公私計画論を論じるうえでの共通する切り口となった。

　本書籍の構成は 3 つに分かれている。「序論」では、公私計画論とは何かという全体の概念を提示し、研究成果全体の基本的方向性を示している。「論説」では、7 つのテーマとなる「コミュニティデザイン論」「公私「まちニハ」論」「民間開放論」「住生活論」「歴史継承論」「環境・防災論」「都市河川空間の領域デザイン論」について委員それぞれが論じている。最後の「事例」では、全国水辺の公私空間マップとして、全国に分布する水辺空間事例を取りまとめている。

　以上、本書を取りまとめた経緯、および公私計画論を論じる基本的姿勢について述べてきたが、日本建築学会の監修による「水辺」「親水」に関する新機軸の研究成果として、大学および研究機関をはじめ、多くの同様の研究分野の方々の目に留まることを切に願っている。

2023 年 5 月　日本建築学会

目　　次

序論

Introduction

序　論　公と私が重なり合う場に

岡村幸二

0.1　公私計画論における研究の背景

　本研究における小委員会の主要メンバーは、2008年刊行の『水辺のまちづくり』や2014年刊行の『親水空間論』にも関わってきた。そういう意味では、本書の「公私計画論」は、前身の諸研究での"水辺"や"親水"に対する理論的追及をさらに発展させたものとして位置づけることができよう。また、公（社会）と私（人）をつなぐための自然（生態）の3つの関係をみると図1のように整理できる。戦後、都市の近代化が進むにつれ、都市部の水辺環境は悪化し、上下水道等の基盤インフラの充足に伴い、人々の生活様式が急変し、身近な水辺を必要としない日常生活へと変化していった。人と水との関わりの中で培ってきたコミュニティや伝統的な文化・規範は薄れ、地域固有の風景も失われていった。

　公私計画論は、水辺空間の所有・管理・利用等を巡る、公私の多様の関係とそれに応じた水辺空間のあり方、諸制度・地域的ルール、具体的な水辺空間計画の方法論等を明らかにするものであり、近代化の過程で失われつつあった公と私の関係、あるいは公・私と自然との関係の再定義を試みるものである。

　歴史的には公と私の関係が現代のように明確に区別されておらず、山林や神社境内などの入会地などの共同所有の場も多く存在する環境の中で、その時代の公と私の関係は今よりずっと近い関係であったと思われる。

　少し見方を変えれば、公私計画論はわが国が直面している「循環型社会」「自然共生社会」といった課題を見据えた持続可能な社会を実現するために、失われた水辺や自然を取り戻し、水と緑に配慮した地域社会を再構築することにつながっている。

図1　公と私と自然の関係図

0.2 失われた水辺と公と私がつながる水辺

(1) 公私計画論と水辺の利活用

　都市生活に潤いと豊かさを求めるうえで、水と緑の存在が大きな役割を果たしていることは疑いのないことである。とりわけ人々が水辺に密に関わることのできる親水空間では、水辺空間の所有・管理・利用等を巡る、公私の多様な関係とそれに応じた水辺空間のあり方、諸制度・地域的ルール等は大きな研究テーマとなっている。

　これまでに水と緑の公私計画論という観点から、水辺空間の新たな公的・私的な利用・管理のあり方についての検討を行ってきたが、本書では、これらについて、各専門の立場から取り組んできているテーマごとに、公私計画論のさまざまな論点を提示することにより、公私計画論の全体像を明らかにするものである。

　都市化が進む以前の姿をみると、自然と社会がより身近な関係を持ち、また一体的・重層的に存在していたと考えられる（**図2**）。しかし、経済優先の近代化の過程で、洪水の危険や衛生面の問題等により、川や水路がわれわれの生活から遠ざかるようになった。

　このように、以前は山水都市と呼ばれた日本から、戦後の車社会への移行や都市の過密化、上下水道網の整備などを経て、近年においては、河川・水辺の利活用の習慣が失われてきた[1]。

図2　中山道板橋宿（江戸名所図会より）

(2) 河川・水路が失われた経緯

　かつての日本では、豊かな自然（生態系）とコミュニティ（社会）が複合し、エコロジカルで賑わいのある暮らしが成立していたといえる。大小の河川や農業用水路、掘割、運河等の水辺空間が身近に存在し、1つの大きな水辺ネットワークを形成し、生活・水運・農工・漁業・娯楽・祭事など地域に根ざした利活用がなされていた。ところが、近代化への過程で、治水安全面や公衆衛生面の問題に対応するため、河川や水路を暗渠化して排水路として利用するなど、水辺空間が有していた環境機能は影が薄くなり、都市部から急速に消失していった。

　一方、近代化が遅れた大都市の一部や地方都市においては、いまだ水辺ネット

ワークが残されており、その一部の水辺では居心地のよい空間が成立している。地方都市における水と緑に関わる場所は、今も暮らしに息づいていて、公共水辺と私有緑地が融合しあった半公半私の利活用空間が存在する。

　また一度は水辺空間を失いかけた都市でも新たな都市再生の試みの中で、河川・水路が再びオープン化されて水辺空間の復活したところもある。

(3) 東京都区部における水路網の変遷

　ここで、東京都の3つの区部を見ながら、かつて水路網のあった地域で、水路が失われていった区部と水路が残されている区部とを比較してみる（**写真1**）。

　荒川区では、関東大震災後に遅れて市街化が急速に進んだ場所であり、水路の大部分は道路空間に変わっていった。そのため、公園・緑地などは隅田川沿いに限定され、中心部に密集市街地が残されている。昭和初期には存在した区内の水網を見ていくと、戦後の昭和40年代（1965～1974）に、その全てが失われている。水網の名残としては、「江川堀」や「藍染川通り」などの通り名が残されているのみである。

　都心の中央区では江戸・明治から商業・業務の集積地であり、かつて運河・河川網が発達していたが、震災復興・戦災復興・'64東京オリンピック関連の建設事業など、ガレキ処理などの埋立てに使われて、そのほとんどが失われてしまった。現在は、隅田川、日本橋川や亀島川などの一級河川だけが残されている。

　江戸川区では、昭和40年代に農業用水機能や舟運機能が失われて、都市用水の下水道化が進んだ。そこで1972年、江戸川区では都市生活における人間生活の回復をまちづくりの理念とし、河川の未来のあるべき姿を追求した区長の基本政策（内河川基本計画）「美しい水と緑をつくる計画」を策定し、一之江境川などの親水水路網を整備した。水路には、それぞれ河川水や浄化水を導水しているが、緩やか

藍染川通り　　　　　　　　　亀島川　　　　　　　　一之江境川
写真1　河川・水路の変わりゆく姿（荒川区・中央区・江戸川区）

な縦断勾配をつけて流速を確保しようとすると水面が低くなりすぎるため、途中何か所かでポンプアップして水位を保つようにしている。

0.3　人・自然・社会の関係の再構築

　これまでに述べたように、人・自然・社会がお互いの関係を深めることによって、親しみやすい居心地のよい空間が生まれると考えられる。それらの関係成立のためには、敷地においては、狭すぎず、広すぎない適度な広さであり、地形としては単調すぎずに変化と面白さが感じられ、また、質の高いランドスケープとでもいうか、良質な素材・デザイン、自然を象徴的に感じる緑地環境などの要素を伴っていることが求められる。

【条件①】「公」と「私」の境界が曖昧となっている「半公半私」の環境で、家屋の「縁側」や「軒下」など、身体的に居心地のよい場所から快適な眺めを楽しむことができる。

【条件②】日常的にも人の気配が感じられる場であり、さらに地域コミュニティが盛んであり、地域のイベントや祭行事の存在などの社交性・賑わい性があること。

【条件③】その場の周囲が私的空間に包まれることで、公共空間だけでは感じられない人々の微妙な雰囲気や呼吸のようなものが感じられ、カフェや個人宅の庭先の私的空間によって場の多様性が生まれていること。

【条件④】このような場を象徴的に表現すれば、自然が都市の懐（ふところ）深く入り込み、水辺・水網に面した場所に季節の風音や虫の声、人の気配など、五感を通じてその場の雰囲気が感じられること。

　以上のような条件が少しでも満たされることで、「公」と「私」が関係する場が自然との関わりを持ち、一層親しみやすい居心地のよい空間に生まれ変わるであろう。

0.4 公私計画論における5つの論点

（1）公私計画論の5つの特性

公私計画論の全体像を捉えるときに、既往の研究から「複合的利用」「主体の多様性」「歴史性・地域性への配慮」「利害関係・市民要望」「計画・デザインの工夫」の5つのキーワードによって、水辺の公私計画論を多角的にアプローチし、整理・分析することが有効であると考えた（**図3**）。

図3 公私計画論の5つの特性

そのうち、「複合的利用」では、公と私が複数の利用目的を持ってお互いに関係しあって利用することを指している。過去の伝統・習慣や生活ルールにおいても、それぞれの地域のなかで公共の道路と私道などが実質的な区別なく一体となって利用され、同じように河川または水路の公共水面においても、水辺に面して隣接する宅地の庭などの緑地空間が一体的に利用される場合が想定される。

「主体の多様性」では、対象となる場所・地域が単純に公共と民間の用地に分けられるだけではなく、公共の中でも行政区分的には、国、都道府県、市町村道路用地などに分けられ、さらに公共的な主体としては用水路や入会地などの共同管理者が存在する場合が想定される。

「歴史性・地域性への配慮」では、対象となる場所・地域は、その場所ならではの特徴ある歴史を重ねてきており、地域の成り立ちや地域固有の歴史・風土が育まれている。また、地域の産業や人々の生活習慣などによって、公と私の関わりも異なり、特徴ある公私空間が生まれている。

「利害関係・市民要望」では、もともと公共の空間は原則として不特定多数の団体や人々を、公平に受け入れるのが当たり前であるが、公共の場への私的な関わりを認めて、特定の団体や個人がリーダーシップを発揮し、公共の場と一体になる私的空間を提供する場合が想定される。

「計画・デザインの工夫」では、公私の関係を一体的に生かすことは、自然発生的にできることではなく、現場をよく知る計画者がさまざまなアイデアを出し工夫をしたり、さらに、法制度上でも規制緩和などを行って、公と私のそれぞれの強み

を組み合わせて公私計画を構築している。

(2) 水辺の公私計画論の基本構成

　前述に示された公私計画論の5つの論点を踏まえて、独自の7つのテーマごとに「公私計画論」を提起することとする。

　第1章、水辺の公私空間コミュニティデザイン試論では、水辺空間（親水空間）のコミュニティ形成における、公的空間や私的空間の活用の可能性について、オープンガーデンを活用したコミュニティデザインのあり方を通して考察した。

　第2章、人でつながる公私「まちニハ」論では、近代化の過程で失われつつあった公と私の領域を補完しあう関係、あるいは公・私・自然の関係の再構築を試みるものである。また、人々が水辺に密に関わる親水空間では、水辺空間の所有・管理・利用等を巡る、公私の関係とそれに応じた水辺空間のあり方を示すことで、公私計画における「まちニハ」の存在を位置づける。

　第3章、民間開放論では、水辺における利活用における民間開放の歴史的変遷について調査・分析を重ねて、地域における民間開放の「型」について整理を行う。さらに、親水活動の役割を分析し、水辺の管理・運営の視点について提案する。

　第4章、住生活論では、歴史的な水辺での生活水との係わりにおいて見出される暮らしにおける水から受ける規定や設え、および「水との係わり」が生み出す暮らしにおける公私空間に着目し、水がもたらす暮らしの中の習慣、すなわち、地域に根付く伝承、生活に根付く習慣、地域に伝わる風習について分析・整理し、水が暮らしにもたらす「恩恵と脅威」について提案する。

　第5章、歴史継承論では、全国に存在する古くから水路を張り巡らせた地域において、歴史的価値を生かして、水路をまちづくりの地域資源として役立てている例に着目する。また歴史的な利用形態の変容、水路関連施設の機能および維持管理の仕組みの変遷などを整理し、公私計画における歴史継承の役割を評価する。

　第6章、環境・防災論では、都市における水と緑の空間は、市街地空間と自然環境とのインターフェースとして存在し、都市で生活する人々に、快適な環境とともに、コミュニケーションの場などを提供しており、それにより人々は、楽しさや安らぎなどを享受している。水辺の公私計画論の中の「環境・防災論」として、事例紹介を交えつつ、水と緑の公私空間のあり方を、環境、防災の観点から整理する。

　第7章、都市河川空間のスケール・プロポーションと領域デザイン論では、多様な河川・水路を、大河川のスケールから小河川・水路の私有空間に至るまで、また自然性の高い河川から、人が利用しやすくコントロールされた水路網に至るまで、

階層化しながらタイプ分類を整理し、河川・水辺空間における私的空間の役割について評価検討を加えた。

　以上、公私計画論を7つのテーマに整理した全体の基本構成を**図4**に示す。

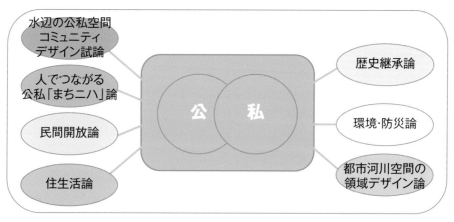

図4 水辺の公私計画論（概念図）

　巻末に示す全国水辺の公私空間マップについては、第2章から第7章までの水辺の公私計画論の検討も踏まえつつ、全国を対象とした約80か所の水辺事例を写真と諸元で紹介している。また、それぞれの水辺事例に示された特性は、各章のテーマを踏まえ整理されている。

《参考・引用文献》

1) 岡村幸二ほか：水と緑の公私計画論に関する研究 その1，日本建築学会大会梗概集，2018

2) 山田圭二郎：間と景観 ―敷地から考える都市デザイン，技報堂出版，2008

3) 中村良夫：都市をつくる風景 ―「場所」と「身体」をつなぐもの，藤原書店，2010

4) 岡村幸二ほか：生態・社会複合文化系の再構築に関する研究，国土文化研究所年次報告，第11巻，pp. 43-52，2013

5) 岡村幸二：A Study on Socio-Ecological Cultural Complex in Urban Milieu (International Scientific Conference "Landscape and Imagination" Paris), -4.5.2013

6) 飯田哲徳ほか：「まちニワ」実現化方策に関する研究，国土文化研究所年次報告，第13巻，pp.56-65，2015

7) 日本建築学会編：親水空間論 ―時代と場所から考える水辺のあり方，技報堂出版，2014

論説

第 1 章　水辺の公私空間コミュニティデザイン試論

上山　肇

1.1　水辺（親水空間）の利用実態

　親水公園の研究を始めたころ、まず、親水公園がどのように使われているのかを知らなければと思い、ある親水公園を春夏秋冬、朝早くから夜遅くまで、歩き回ったことを思い起こす。その水辺空間は、多くの人々によりいろいろな使い方がされていて、それぞれの地域コミュニティが形成されていることを知ることができた。散歩（**写真 1、写真 2**）やジョギング、春の花見（**写真 3**）や夏の水遊び（**写真 4**）、老人会による体操、地元住民による清掃活動（**写真 5**）、金魚すくい大会（**写真 6**）など親水公園の使われ方は実に多様であることがわかった。特に夏においては多くの人で賑わっていたのが印象的であった[1]。

　親水公園が一年で最も多くの人々で賑わう夏季に親水公園の利用者にアンケート調査をしたことがある。調査結果として、①人々によく利用されている親水公園は、水に触れることができたり、水際に落ち着くところがあるなど「水を生かす」工夫がされていること、②周辺住民はその利便性や安らぎの場としての役割に好感を持ち、身近に存在する親水公園の価値を高く評価していること、③自然の豊富な公園として満足はしてはいるものの、生活に結びついていることから、不衛生さ・治安の悪さ・危険などに敏感であり、その解決を望んでいること、などがわかった。親水公園の利用者や周辺住民は、親水公園の良い面だけでなく、問題や課題も同時に感じていることがわかる[2]。

写真 1　小松川境川親水公園での散歩風景
　　　　（筆者撮影）

写真 2　一之江境川親水公園での散歩風景
　　　　（出典：江戸川区）

写真3　小松川境川親水公園での花見風景
（筆者撮影）

写真4　小松川境川親水公園での夏の水遊び
風景（筆者撮影）

写真5　愛する会による清掃活動の様子
（出典：江戸川区）

写真6　古川親水公園での金魚すくい大会
（出典：江戸川区）

写真7　一之江境川親水公園の景観を取り入れ
ている建物（筆者撮影）

写真8　小松川境川親水公園側にアプローチ空
間を設けた公共建築物・江戸川区文
化センター（筆者撮影）

　こうした利用者や周辺住民の評価は親水公園という公共空間に関するものである
が、実際に沿川を歩いていると、個人の私有地においても親水空間を意識・活用し
た事象が存在していることに気づく。親水公園の景観を取り入れた事例（**写真7**）

13

や親水公園側にアプローチ空間を設けている事例（**写真 8**）、私有地の親水公園側に緑化空間を設けている事例（**写真 7**）などがある[3)]。今後、このように私的空間の活用は"水辺のコミュニティ"の展開・拡大を考えるうえで重要な要素となる。

　本稿では、公的（公共）空間を「公」、私的（個人）空間を「私」とするそれぞれのコミュニティを総体的に「公私空間コミュニティ」と解釈し新たに定義するとともに、特に水辺を中心に人がつながる仕組みをつくることを目的に「水辺の公私空間コミュニティデザイン試論」として論じたい。

　また、「水辺という線的な公共空間に隣接する私的空間（個人の庭など）をオープンガーデン等でネットワーク化を含め一体化する仕組みをつくることにより、地域コミュニティは醸成し拡大する。」という仮説のもと、水辺空間（親水空間）におけるコミュニティ形成を図るうえで、公的空間や私的空間の活用の可能性について考察する。

1.2　公私空間コミュニティデザインの定義

　コミュニティについては状況に応じて、例えば建物室内等の内部空間、公園等の外部空間でそれぞれ育まれている。最近ではツールとしてオンラインネットワーク上でコミュニティが育まれることもある。また、そうした空間の所有権によって公的（公共）・私的（個人）と類別することもできよう。

　河川等の水辺を含めた外部空間では一般的に隣接する公園等の公共空間を活用してコミュニティ形成が育まれていることが多いが、本稿においては「水辺を中心に隣接あるいは周囲に存在する公共空間と個人や民間の敷地（庭等）の私的空間も含めてコミュニティ形成の仕組みをつくること」を「公私空間コミュニティデザイン」と定義する。

　既に述べたように、水辺の利用状況を見ても、その水辺空間においてさまざまなコミュニティが育まれていることがわかっているが、多くの利用者は河川等水辺の線的な特徴の中で併存する公園や広場のように公共的な面的空間に集積していることがわかる。

　同時に、水辺周辺には個人や民間事業者の私的空間も多く存在するわけだが、今後こうした私的空間の活用はコミュニティ形成の拡大展開にも大きなポテンシャルとなるのではないかと考える。

　そこで本稿では、水辺のコミュニティ空間（公的空間）に私的空間（主に個人の庭）を重ねる（ネットワークに組み込む）ことによって新たな展開を図れると考え、

具体的に個人の庭（私的空間）を一般に公開する活動"オープンガーデン"に着目し沿川私有地の活用の可能性について探る。

　そして本稿では、改めてそれぞれ次のように定義する（**図1**）。

① 　一次域コミュニティ形成空間：**写真1～写真6**のように水辺（主に公的空間）圏域で直接育まれるコミュニティ形成空間

② 　二次域コミュニティ形成空間：**写真7、写真8**のような水辺に隣接する公的あるいは私的空間圏域で育まれるコミュニティ形成空間（隣接コミュニティ形成空間）

③ 　三次域コミュニティ形成空間：二次域を超えたオープンガーデン等のネットワークによって広がる公的あるいは私的空間圏域で育まれるコミュニティ形成空間（周辺コミュニティ形成空間）

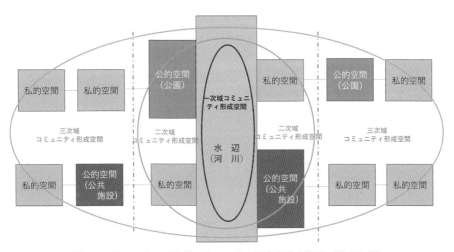

図1　一次・二次・三次域コミュニティ形成空間の関連（筆者作成）

1.3　水辺コミュニティの範囲とコミュニティデザイン

（1）一次域コミュニティ形成空間でのコミュニティデザイン
　　（市民が参加する場の仕掛けと市民によるコミュニティ組織）

　水辺はそれだけでも人々のコミュニティ形成の場になりうるが、整備することによって、あるいはまちづくり（例えば、イベント等）を仕掛けることによって一層コミュニティが育める状況・環境をつくりだすことができる。

　江戸川区は、1973年に全国で最初の事例となる親水公園（古川）を整備して以

来、親水事業を展開してきた（**写真9**）。親水公園が整備されることで、施設（親水公園）における散歩やジョギングなどを通した地域住民の日常のコミュニティ（**写真1、写真2**）だけでなく、先に紹介した金魚すくい大会（**写真6**）やお祭りなどを通した良好な地域のコミュニティが育まれるようになった。さらには自然観察会などにより地域の環境教育にも役立ったりしている（**写真10**）。また、親水公園ごとに発足している「愛する会」の活動によってコミュニティ形成の持続性が担保されている（**図2**）。

　江戸川区の場合、親水公園を整備しはじめたころは、そのつくり方は人工的なものであったが、1996年に完成した一之江境川親水公園（**写真2、写真10**）は、区内で初めて人工的なつくり方から生物が棲むことができるように自然的なつくり方へと方向を転換している。このような自然が育まれている身近な親水施設（親水公園や親水緑道）は、先に述べた地元住民による自然観察会の実施や小中学校の学校教材としての活用を通して地域の環境教育面においても大いに期待されている。

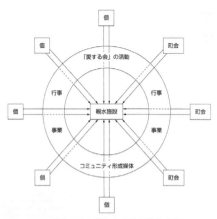

*「個」とは個人や子ども会・青少年委員会等の個別団体を指す.

図2　親水公園における一次域コミュニティ形成空間を中心としたコミュニティ形成の構造（筆者作成）

写真9　全国で初めて整備された古川親水公園
　　　　（出典：江戸川区）

写真10　一之江境川親水公園での自然観察会
　　　　　（筆者撮影）

(2) 二次域コミュニティ形成空間でのコミュニティデザイン

(法・制度の活用)

　写真7は水辺に隣接する個人宅の私的空間が景観を考慮している事例であるが、一之江境川親水公園沿川では景観法や地区計画といったルールによって建物の高さや色彩等をコントロールしている（**図3**）。また、水辺の賑わいを演出するために休憩スポットやショップ、カフェなど人が集まる場所をつくることを景観まちづくりガイドで誘導している。一之江境川親水公園においては、水辺空間に面する二次域コミュニティ形成空間で個人私有地内に壁面の位置の制限により、緑化空間を創出するルールが定められている [6), 7)]（**図4**）。

　また、具体的に一定規模以上のマンション等の建物を建築する際にコミュニティ形成の場ともなるポケットパーク等を設置するような誘導も考えられる（**図5**）。具体的に地区計画において公開空地というかたちで実現しているところもある [4), 5)]（**写真11**、**写真12**）。

　写真8は水辺空間に公共施設（文化センター）が隣接しているケースだが、施設利用者・親水公園利用者を含め人々が行き交う光景が見られる。

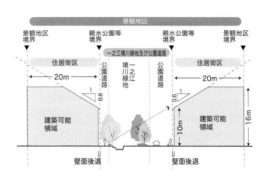

図3　一之江境川親水公園沿川の建物に設けられた高さの制限（出典：江戸川区 [6)]）

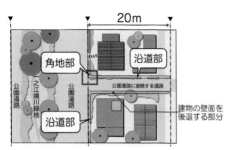

図4　親水公園沿川20m以内の道路沿い私的空間における緑化空間としての壁面の位置の制限（出典：江戸川区 [6)]）

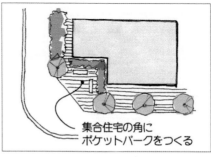

図5　東葛西五丁目付近地区 地区計画で誘導しているポケットパーク（出典：江戸川区 [4)]）

写真11　公開空地によって道路沿いにベンチ
　　　　を設置している例
　　　　（場所：東葛西五丁目付近地区　地区
　　　　計画区域内、出典：江戸川区 [6]）

写真12　公開空地によって生み出されたコミュ
　　　　ニティ空間
　　　　（場所：東葛西五丁目付近地区　地区
　　　　計画区域内、出典：江戸川区 [6]）

（3）三次域コミュニティ形成空間でのコミュニティデザイン
　　　（私的・個人空間の活用）

　水辺から少し離れた空間（三次域）では、オープンガーデン等を活用しながらネットワークを工夫し、庭巡りなど何かテーマを持って水辺とのネットワークを組みながらコミュニティ形成の拡大が図れるのではないだろうか。個人の庭といった私的空間を活用する新たな可能性の部分であるが、松本市の「水めぐりの井戸整備事業」も参考になる [10]。

　松本市の「水めぐりの井戸整備事業」は地下水が豊富な地域の特性を活用し、中心市街地に新たな井戸を整備するもので、2006年度の整備計画策定・大名町大手門井戸整備から始まった（**写真13**）。清涼な湧水は、市民の水汲み場として活用され、街路樹への灌水や打ち水などにも利用されている。災害時には停電や断水が生じた場合でも手動ポンプを利用して生活用水を確保することもできる。井戸を分散配置することにより、歩くことが楽しい街を演出し、観光客の回遊性を高めるとともに、市民の憩いの場となっている（**写真14**）。また、個人所有の井戸を市民や観光客らに利用可能なものに整備する場合には補助金も交付している。

　こうした仕組みを構築することにより、三次域までコミュニティ形成空間がネットワーク化されながらコミュニティが拡大することの手助けとなるだろう。

写真13　「水めぐりの井戸整備事業」で最初　　写真14　松本市の井戸巡り（大名小路井戸）
　　　　に整備された大名町大手門井戸　　　　　　　　（2015年筆者撮影）
　　　　（出典：松本市）

1.4　花と緑を活用したオープンガーデン

（1）個人の庭（私的空間）の開放と公共の庭（公共空間）の活用

　オープンガーデン活動とは主に個人の庭（私的空間）を一般に公開する活動のことで、参加者が丹精込めてつくった（演出した）庭園を一般に公開するものである。その発祥はイギリスで、看護や医療、庭園保護への募金活動を目的に始まった。

　日本においては1998年ごろから始まり、現在では日本各地で行われるようになったが、活動の目的は、まちづくりや交流、観光、趣味の延長や集客、募金等であり、日本独自の活動としてイギリスとは違う形態で広がってきている[9]。

1）私的空間型オープンガーデン

　長野県小布施町の場合、オープンガーデンは主に個人の庭といった私的空間であるが、2000年に38か所で始まり、2012年には127か所になり、その後も年々増加し活動が盛んになっている。その取り組みは「外はみんなのもの、内は自分たちのもの」という概念で活動が進められている（図6）。観光とともに交流を目指している小布施町にとり、オープンガーデンが内と外、公と私をつなげる空間として"交流の場"として機能している（写真15）。地域内にはいたるところに生活の中で用いられた水路が張り巡らされており、水辺の公私空間コミュニティデザインを考えるうえで、松本市の井戸巡りと同様に参考になる事例である[8], [11]（写真16）。松本市にも2004年から始まったオープンガーデン[11]があり、長野県では小布施町に次いで2番目の参加者の実績がある。

写真15　小布施町のオープンガーデン、　　写真16　地域内のいたるところに水路が張り
　　　　　入口部にあるサイン　　　　　　　　　　　　　巡らされている（小布施堂前）
　　　　　（筆者撮影）　　　　　　　　　　　　　　　　（筆者撮影）

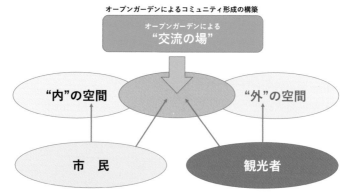

図6　"内"と"外"の空間をつなげる"交流の場"・オープンガーデン
　　　（筆者作成、文献7)より引用）

2）公共空間型オープンガーデン

　小布施町や松本市のように、オープンガーデンは基本的に個人の庭（私的空間）
を開放したものが多い。他都市では、芦屋市のように市役所等の公共施設のような
公共の庭（公的空間）や公園等を積極的に活用しているものもある[15]（**写真17**、
写真18）。

　このような背景の中で展開されてきたオープンガーデンであるが、日本において
主に個人の庭という閉鎖された私的空間をオープンガーデンという形で利用・公開
することで、今までにない地域活性化の活用手法としての新たな可能性があるもの
と考える。こうしたオープンガーデン活動は兵庫県において初期のころから積極的
に取り組まれている。

写真17 芦屋川に近い芦屋市役所前のオープンガーデン（筆者撮影）

写真18 芦屋川沿川業平公園の花壇（オープンガーデン）（筆者撮影）

(2) オープンガーデンの課題

　2018～2019年度にかけ、兵庫県園芸・公園協会花と緑のまちづくりセンター、三田グリーンネット、神戸市公園緑化協会花と緑のまち推進センター、あいあいパーク（宝塚地区）、川西市緑化協会、芦屋市都市建設部公園緑地課（芦屋オー

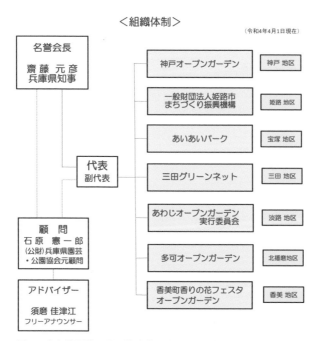

図7 兵庫県園芸・公園協会花と緑のまちづくりセンター組織図
（出典：兵庫県園芸・公園協会花と緑のまちづくりセンター）

プンガーデン実行委員会事務局）、大阪府堺市公園協会にヒアリングすることで、オープンガーデン活動の実態を知るとともに、今後の展開の可能性を考えるうえで参考になる話を聞くことができた。

　本稿では兵庫県で中心的な役割を果たしている兵庫県園芸・公園協会花と緑のまちづくりセンター（**図7**）におけるヒアリング結果から、オープンガーデンを維持・継続、そして新たな展開を考えるうえでの問題・課題について整理する。

1)「兵庫県園芸・公園協会花と緑のまちづくりセンター」の概要

　センターは中間支援組織で県下全域を範囲としており、オープンガーデンは県内600庭（ネットワークに入っているものでは440庭）ある。

　参加者の思いとしては、クオリティオブライフの向上、自分の庭を公開したり、庭を見せてもらう交流（話が広がる）の楽しみ、苗や材料の交換の喜びといったものがあるが、オープンガーデンは最近では地域再生の手段やトレンドへと変化してきている。

2) ネットワーク所属団体の特徴

　ネットワークに所属している多くの団体は、基本的に個人の庭をオープンガーデンの対象としているが、芦屋市のように公共の庭（空間）を主としているところもあり、多可町の場合には、観光協会が主体となって庭師のグループが活動しているなど団体によって違いがある。

　総じて県が相当力を注いでおり、基礎的自治体がもっと自主的にやらないといけないのではないかという思いがセンターにはある。

3) センターが抱えるオープンガーデン活動に関する具体的な問題・課題

　ヒアリングからオープンガーデンを維持・継続していくための課題として次のことがうかがえた。

① 獣害（三田地区以外）：シカ、イノシシ、アライグマによる獣害、主にはシカである。これについては国もしっかり対策を考えるべきである。

② 高齢化：オープンガーデンを開始したころに比べ、高齢化が進んでおり、このままだと継承が難しい状況にある。

③ 協働の必要性：オープンガーデンを維持・継続していくためには協働が必要であり、その中でも特にマンパワーが重要であると考える。

④ 交通（隣歩）：オープンガーデンは基本的に歩いて行ける距離にあるべきではないかと考える。遠いことによる駐車の問題も大きい。

⑤ コミュニティガーデンとしての存続：近隣との関係が悪くなるのでやめる人も

　　いる。車や話し声などの騒音といった「音」の問題もある。

⑥　新たな工夫：お寺や神社、教育機関もオープンガーデンに取り込んでもよいのではないか。お寺は宗教施設であり、教育機関も含めセキュリティの観点で難しい面もあることが考えられる。

⑦　観光：多くの人が訪れ、地域の活性化ということを考えると地域内外にとどまらずインバウンド観光への対応についても考える必要がある。

⑧　仕組みづくり：仕組みとして三田や沖縄のようにパスポート制を導入することも考えられるがお金をとること（払うこと）への抵抗がある。それが参加者数へ影響するのではないかとも考えられるので慎重に判断するべきである。

1.5　水辺の公私空間コミュニティの可能性

　本稿では公私空間に関し、「公私空間コミュニティデザイン」を定義するとともに、特に水辺を中心とした「公私空間コミュニティ」のあり方についてみてきた。

　同時に、私的空間に関してはオープンガーデンを事例に積極的に取り組んできた兵庫県についてヒアリングをした結果をみながら、公的空間である水辺空間との連携することによるコミュニティの拡大の可能性について考えてきた。最後にこれらを総括すると、オープンガーデンには、コミュニティガーデンとして位置づけ、水辺との連携（ネットワーク化）を図ることによってコミュニティ形成空間拡大のポテンシャルがあることがわかる。

　オープンガーデンを活用した水辺の公私コミュニティ形成のあり方については、本稿で位置づけた各圏域（一次域〜三次域）を含め、今後可能性として想定されること、そして考慮しなければならないこととして次のことが考えられる。

①　私的空間（個人の庭）にコミュニティデザインの発想

　オープンガーデンをコミュニティガーデンとして位置づけ、水辺との連携を図ることによって、コミュニティ形成空間は一次域から二次域、三次域へとネットワーク化され拡大する。

②　一次域コミュニティ形成空間でのコミュニティデザイン：市民参加の場と祭り・イベントの仕掛け

　一次域（公共空間）ではコミュニティの自然発生（散歩・ジョギングなど）はあるが、市民が参加できる場としての祭りやイベントを仕掛けることによりコミュニティは拡大する。

③　二次域コミュニティ形成空間でのコミュニティデザイン：公園・公共施設の位

　　置づけとオープンガーデンの活用

　二次域コミュニティ形成空間では、公共空間である公園や公共施設をコミュニティ形成空間として位置づけるとともに、そこにオープンガーデンを絡ませることによってコミュニティは大きく拡大する。

④　三次域コミュニティ形成空間でのコミュニティデザイン：オープンガーデンの　ネットワーク化

　三次域コミュニティ形成空間にオープンガーデンをネットワークとして組み込むことによってコミュニティは拡大する。範囲としては、ヒアリング結果からも歩いて回れるところが好ましい。

⑤　法・制度を活用した仕組みの構築：コミュニティ空間の持続性

　本稿でも取り上げた景観法や地区計画制度などを活用した仕組みを構築することによりコミュニティ空間の持続性が担保される。

⑥　エリアマネジメントの構築：協働と人材育成の必要性

　江戸川区では現在、「愛する会」のようなコミュニティ組織がコミュニティデザインとして機能しているが、今後、持続可能性の観点からも兵庫県のように運営組織および中間支援組織が機能することにより持続性が確保される。そのときに協働の姿勢と特にマンパワーが必要となることがヒアリングからわかった。また、高齢化に対応する人材育成も考慮する必要性がある。

⑦　地域活性化（観光）への展開

　身近な生活空間でのコミュニティ形成だけでなく観光を含めた地域活性化を視野に入れた地域外とのコミュニティ形成の拡大と展開の可能性がある。

《参考・引用文献》
　1）上山　肇・若山治憲・北原理雄：親水公園の周辺環境に関する研究 —親水公園が周辺住民のコミュニティ形成に与える影響，日本建築学会計画系論文集，第 465 号，pp.105-114，1994
　2）上山　肇・若山治憲・北原理雄：親水公園の利用実態と評価に関する研究 —東京都 23 区における親水公園の現況と利用状況，日本建築学会計画系論文集，第 462 号，pp.127-135，1994
　3）上山　肇・北原理雄：親水公園の周辺土地利用と建築計画に及ぼす影響，1994 年度第 29回日本都市計画学会学術研究論文集，pp.361-366，1994

4) 江戸川区：東葛西五丁目付近地区 地区計画まちづくりガイドライン，2003

5) 上山 肇：環境形成を目的とした地区まちづくりの実現状況 —江戸川区東葛西五丁目付近地区 地区計画，日本建築学会学術講演梗概集（九州），pp.99-100，2007

6) 江戸川区：一之江境川親水公園沿線景観まちづくりガイド，2007

7) 上山 肇：一之江境川親水公園における景観形成の経緯と現状，都市計画論文集，第 49巻 第 3 号，pp.729-734，2014

8) 河島 敬・衣川智久・村田真穂・上山肇：オープンガーデンがコミュニティ形成に与える影響 —長野県小布施町を事例として，2014 年度日本建築学会関東支部研究報告集Ⅱ，pp.429-432，2015

9) 河島 敬・上山 肇：日本におけるオープンガーデン活動に関する研究 —活動団体と実施地域及び活動参加者数に着目して，日本建築学会学術講演梗概集（関東），pp.909-910，2015

10) 玉城美香・邵麗・上山 肇：長野県松本市における水辺のまちづくりに関する考察 —行政の取り組みから見た現状と課題，日本建築学会学術講演梗概集（九州），pp.1149-1150，2016

11) 河島 敬・上山 肇：長野県におけるオープンガーデン活動に関する研究 —小布施町と松本市のオープンガーデンを事例として，日本建築学会学術講演梗概集（九州），pp.719-720，2016

12) 上山 肇・河島 敬：水と緑の公私空間論に関する研究 その 3 —兵庫県三田市のオープンガーデン，日本建築学会大会学術講演梗概集（東北），pp.627-628，2018

13) 河島 敬・上山 肇：水と緑の公私空間論に関する研究 その 4 —東京都世田谷区のオープンガーデン，日本建築学会大会学術講演梗概集（東北），pp.629-630，2018

14) 上山 肇：兵庫県におけるオープンガーデン活動団体の実態に関する研究 —兵庫県オープンガーデンネットワークを事例として，2019 年度日本建築学会関東支部研究報告集Ⅱ，pp.41-42，2020

15) 上山 肇：水と緑の公私空間に関する研究 その 18 —芦屋市のオープンガーデンを事例に，日本建築学会学術講演梗概集（関東），pp.1677-1678，2020

＊本研究の調査にあたっては、平成 29 年度科学研究費助成事業（学術研究助成基金助成金）を使用している（研究科題名：持続可能な都市空間のための公私計画・マネジメント論の構築及びデザイン手法）。

第2章　人でつながる公私「まちニハ」論

岡村幸二

2.1　居心地のよい空間とは

　人々の豊かな暮らしをつくるには、水と緑の存在が大きな役割を果たしており、とりわけ人々が水辺に密に関わる親水空間において、水辺空間の所有・管理・利用等を巡る公私の関係と、それに対する水辺空間のあり方を探ることが本章のテーマである。

　既研究においても、数多くの事例を踏まえて分析・検討することを通して、公的な役割も担える私的空間、私的にも振る舞える公的空間を育て、公的・私的な空間の境界部をより一層曖昧な空間にしていくことで、"居心地のよい空間"が生まれる可能性を示唆してきた[1]。ここでは、全国の公私計画における先進事例を調査・分析することで、公と私をつなぐ居心地のよい場のあり方を提案する。

2.2　公・私・自然の関係で捉える

　かつて山や川などの自然を巧みに利用した、半公半私の「まちニハ」という場所が存在していた（**図1**）。「まちニハ」は境界領域の曖昧性や賑わい性が重要な特徴である。「ニハ」の語源としては、地域共同体の行事、作業などに使われる都市の半公共的で自由な「場」であり、「路地」「辻」「火除け地」「橋詰め」「水辺」「社寺の境内」などに見られた。

　その中でも自然が都市の懐（ふところ）深く入り込み、水辺・水網と一体になった場所は、自然と社会が影響し合い居心地のよい場が生まれると考えられる。「公」である水辺には私有地である「私」が点在していて、その中には「私」でありながら不特定多数の利用に供する場所もあり、半公半私の状態で境界があいまいな場所も存在する。このような

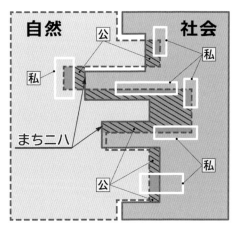

図1　半公半私「まちニハ」のイメージ

場のことをここでは「まちニハ」と呼ぶこととする。「まちニハ」の基本的な性格は次の3つで表すことができる。

① 空間としてのモノの形ではなく、場の雰囲気や表情が感じられること。

② 人の気配やコミュニティの存在などの社交性・賑わい性があること。

③ 「公」と「私」の境界が曖昧で「半公半私」の状態で、「庇」のように、身体的に居心地のよい場から快適な眺めを楽しめること。

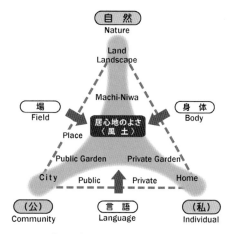

図2 「自然」で支えた「公・私」の関係

公私計画論は、水辺空間の所有・管理・利用等を巡る、公私の多様な関係とそれに応じた水辺空間のあり方、諸制度・地域的ルール、具体的な水辺空間計画の方法論等を明らかにするものであり、近代化の過程で失われつつあった公と私の関係、あるいは公・私と自然との関係の再定義を試みるものである。

公私計画論における「まちニハ」の捉え方は次のような特性を持っていると考えられる（**図2**）。

・公私計画論は、[公]と[私]を別々に扱うのではなく、人間の「二重性格」[2]と捉えて、「公・私」を一体的に捉えることが重要である。

・水辺空間において、「私」は身体を通じて「自然（水）」とふれあい、「社会」が生き生きする「場」としても大きな役割を果たしている。

2.3 公私が共存するパターン分類（水と緑が公・私にどう関わるか）

公と私が自然を交えて影響しあうパターンは多種多様に存在するものであり、多くの事例に裏付けられる主なパターンを見ると、自然（生態系）と社会（コミュニティ）が深く影響し合い、「居心地のよい」場が生まれ育っていくものと捉え、水辺空間の「公」と「私」の関係を次の8つのタイプにより分類してみた（**図3**）。

各タイプを「2文字語句／○○型」で表現することで、特徴を簡潔に表してみた。

A 一体／協同型：公共の水面・緑と私有の緑が一体的な場を構成する。水と緑における公共の水辺に加えて、私有の緑も一体的に公私空間を形成する。

B 共有／借景型：水辺を伴う公共空間と私有地（庭）の緑が一体的な場を構成する。また、私有地の一部は積極的に不特定利用の場となることができる。古くからの近隣農地においては、屋敷林を含む里山林を残し、市民が共同して市民の森を守り育てている。

C 開放／オープン化型：私的空間における水・緑を公共（市民）に開放する。地元店舗のリーダーシップで、一度は暗渠化された水路をオープン化させる。

D 緩和／飲食活性化型：公共水面と一体に民間の飲食施設を都市公園の規制緩和制度により、カフェ・レストランなどを積極的に誘導する。

E 混然／出水・入水型：公私の間を水が混然と行き来（出水・入水）する。私有地の中に水路が流れ込み、鯉の生け簀や生活用水などに活用する。

F 親水／水辺利用型："カワト"など水辺と暮らしが一体となる。集落内の自噴水や水辺の階段状の洗い場など、長い間の暮らしと結びついている。

G 継承／保全型：水辺の集落の歴史的価値を継承する。伝統的建造物群などの歴史的価値を保全して水辺とともに地域の歴史を保全する。

H 水網／ネットワーク型：水辺（緑）をたどって主要拠点を整備し、水辺の拠点を連続して水網ネットワークとして回遊させる。

　公私計画論において対象とする公と私が共存する場は、古くから水や緑との密接

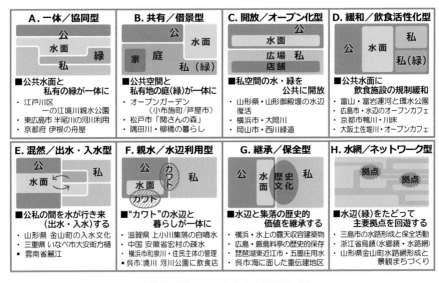

図3　公私計画論からみた水辺空間配置パターン

な関係が生活の中に育まれてきたものであり、それをさらに水・緑を生かした普遍的な姿に発展させて、不特定多数が集える居心地のよい場として創出させることを目指すものである。

2.4　市民主導でつながる公私空間

　ここでは、前述の８つの公私パターンのうちの４つのタイプから、山形市御殿堰、金山町水路網、富山市還水公園、松戸市関さんの森について事例分析を行って、公と私の一体性、関係性について検証を行う。

（1）開放／オープン化型（山形市七日町御殿堰）

　400年前に生活・灌漑用水の確保を目的とした山形市・山形五堰は、馬見ケ埼川から取水され扇状地の急勾配の地形を東から西へ流れる（**図4**）。山形五堰はもともと農業用水、生活用水、防火用水、さらには地下水涵養として重要な役割を担ってきたが、近年身近な水とふれあい、地域らしい景観を保全する機能としても重視され、これを総称して“地域用水機能”と呼ばれている[3]。現在でも石積み開渠の構造が多く残されており、地域ごとの町会などによる維持管理によって、用水路は今でも機能している（**写真1、写真2**）。

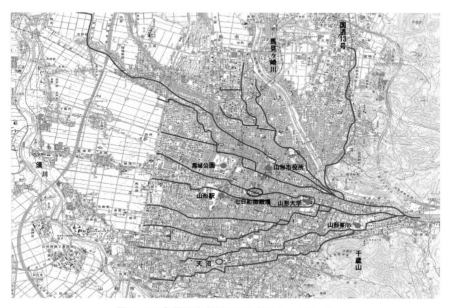

図4　400年間続く山形五堰の水網ネットワーク

写真1　用水路沿いの洗い場　　　　　写真2　今も残る石積み水路

　その中の1つである御殿堰では、かつては生活用水や水車など生業において利用がさかんであって、「御殿堰には水車が2つあって1つは浄善寺角に第一工場があった。」「御殿堰の水はとてもきれいでな。じかに洗濯なんかできなかった。洗った水はバケツで畠に捨てるようにしていた。」[4]（昭和初期記録「御殿堰と水・農民」御殿堰旧城濠土地改良区より1995年10月）などと言われ、生活や産業と密接な関係を持つ文字どおりの地域用水機能であった（図5）。

　近年、御殿堰が七日町通りに接する場所において、民間主体の再開発でかつての用水を「七日町御殿堰」として蘇らせた（写真3、4）。「先代より受け継ぐものを次世代に伝える」ことを目指して。暗渠化されていた水路を復活させて中心市街地の賑わいを取り戻そうとした。ここでは歴史性を重視した店舗集合建築としてまとめるのに、店舗所有者のリーダーシップが欠かせなかった。

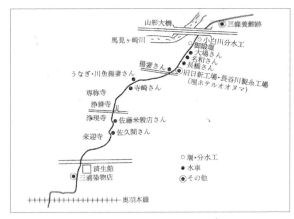

図5　御殿堰にあった水車群[4]

　御殿堰では水路沿いに掲げられた庇の下に広がる水辺の風景を眺めると、落ち着いた安らぎが感じられる。店舗とその前の広場が水路と一体化し、公と民の境界のない空間が生まれている。御殿堰は、奥羽本線から東側の市街地において、産業や生活用水に利用されていた。特に関係した業種は製紙工場・精米製粉の水車業・染物・養鯉・うなぎ問屋などであった。これらは、いずれも御殿堰の水やその流れを利用した事業である。また、生活用水としては、庭園の池に水を引いたり、日常用具や野菜を洗ったりしてきた。消火栓が完備されるまでは防火用水としても利用されてきた。

　山形五堰の用水路網は、地域ごとの清掃活動が活発に行われ、全体として地元でよく管理されていて、あき缶やゴミなどは見当たらない。「水の町屋」御殿堰においても、水路に面した店舗の人が毎日自主的に清掃している（**写真 5**）。

写真 3　御殿堰「水の町屋」全景

写真 4　再現された石積水路

写真 5　御殿堰の定期的な自主清掃活動

（2）混然／出水・入水型（金山町水路網）

山形県北東部に位置する金山町は人口約 5,500 人、中心市街地には神室山を水源とする水量豊富な水路が流れる。百年の景観街づくりの構想に基づいて、金山大堰は美しい町を象徴する公共空間の存在である。

優良建築材の金山杉を使った金山住宅と、全町公園化構想により「100 年かけての景観まちづくり」が進められた山形県金山町は、山間の小さな扇状地に広がるまちで、骨格河川である金山川から取水した水網ネットワークが現在に至るまで維持されている（**図6**）。用水路を流れる水量が豊富で、扇状地の地形から流速も比較的速く「豊かな流れ」を感じさせる。公私の境を越えて家屋敷の中まで入り込み町中に張り巡らされたこの"遣り水"が町の生活と文化の基層的な場を成している。

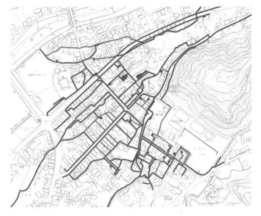

図6　金山町内の水網ネットワーク

写真6　金山町の全景

1878 年の夏、英国の旅行家イザベラ・バードが金山を訪れ、峠からピラミッド形の金山三峰を見て「ロマンチックな雰囲気の場所である」と印象を記している（**写真6**）。

敷地境界部を流れる細い水路は、年中流れが途切れることはない。水路にはフェンスがなく、冬には融雪溝として積雪時の除雪にも貢献している（**写真7**）。

稲荷神社から町全体を眺望でき、町役場や大堰公園などが手に取るように見える。金山町では、中心市街地における空地を町が買い上げ、用水路に接する公園等の用地として活用している（**写真8**）。骨格の河川からより細い水路へと編み目状に階

層的に振り分けられることで、大自然から小自然へと、山奥の息づかいを象徴的に身近に引き寄せている。そのようにまちが維持されている背景には、イザベラ・バードの訪れた地であり、「100 年かけて景観をつくる」という強い願いの共有がある。毛細血管のように広がる水路網が道路沿いから私有地の庭の中まで入り込むことで、町中に入り込む象徴的な自然を感じることができる（図7）。

写真7　細街路にも小水路が流れる

写真8　公園と一体の大堰

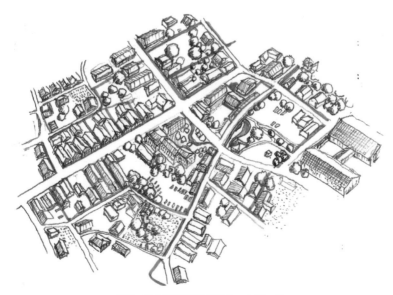

図7　中心市街地の水網ネットワーク

（3）緩和／飲食活性化型（富山環水公園）

　神通川・常願寺川の水を引いた、いたち川・松川（神通川旧川）から富岩運河につながる場所は、昭和初期に、神通川河川改修、近代港湾整備、廃川地の都市計画事業、東岩瀬港背後の工業地帯形成の都市計画事業が実施された。

　1970年代後半に老朽化された運河の一部を、1990年代に都市計画の運河再生事業の一環で、駅近く9.7 haの総合公園として整備された（**写真9、図8**）。

　歴史遺産の中島閘門富岩運河のかつての物流運搬機能はクルーズ船舟運機能としてリニューアルした。環水公園から富岩運河を通り、中島閘門までクルーズ運航されている（**写真10**）。

　富岩運河環水公園の計画は、とやま都市MIRAI計画に位置づけられており、富山ライトレール事業とともに実施されてきた。利用者数は、2008年にスターバックス、2011年にキュイジーヌ フランセーズ ラ・シャンス（レストラン）、2015

写真9　環水公園内のカフェ

図8　環水公園の位置

写真10　富岩運河とつなぐクルーズ船

写真11　カフェから水辺風景

年に富岩水上ライン、2017年に富山県美術館がオープンし、この10年で157万人、2.2倍になった。

民間飲食施設が規制緩和に至る経緯をみてみると、1980年代には使われなくなった貯木場などの運河を、まちなかの貴重な水辺空間として甦らせ、親水機能をメインとした都市公園に生まれ変わらせた。全国で初めて公園施設に設置された飲食施設（スターバックスカフェ）は公園に新たな賑わいと魅力的な風景を創出した。この飲食施設は、公園の利便性や魅力の向上と公園の賑わいづくりに資することを期待して、公募により採用された。都市公園内での店舗出店は全国初である。利用者がカフェでくつろぎ"私的な"居心地よさを享受できる（**写真11**）。

(4) 共有／借景型（「関さんの森」）

松戸市のJR新松戸駅近郊の民有緑地には、「関さんの森」と呼ばれる面積1.5haの雑木林が残されている。もともと屋敷林の広がる都市近郊緑地の一画で、人と自然が身近に触れ合うことができる貴重な空間である。対象地の「関さんの森」は世代変わり時の相続の関係もあり、1995年に埼玉県生態系保護協会に寄付され、2013年に松戸市の特別緑地保全地区に指定された。これにより、古くからの屋敷林に囲まれて、草や木々、虫や鳥、小動物たちと人間との共生が可能になった。「関さんの森エコミュージアム」の設立など、地域のコミュニティの充実により「関さんの森」は支えられている。

都市の緑地環境の保全にとっては、屋敷林の緑（プライベートグリーン）が重要な役割をはたしている。その中で、活動の主体となった「関さんの森を育む会」では、関さんの森ガイドツアー、門と蔵の再生事業、子供たちの学習・交流、百年さくらの保護作業、などに取り組んでいる（**写真12～14**）。

図9 関さんの森を迂回した都市計画道路

写真12 地域住民恒例のイベント

写真13　松戸市の特別緑地保全地区

写真14　子供たちの森の学習

懸案であった、「関さんの森」を分断させる都市計画道路は、森を迂回する都計道変更案に基本合意（2008年7月〜2009年2月）された（**図9**）。

　地権者の関美智子氏は「長い道のりだったが、調印できてうれしい。行政、市民、地権者が一緒になって楽しい道づくりをして、自然を残し未来の子供たちにプレゼントできたらこんなによいことはない。」と述べている[7]。

2.5　公私空間と「まちニハ」論

　「まちニハ」とは、町を意味する「まち」と庭園や広場を意味する「ニハ」の2つの言葉で成り立っているもので、新しい公私空間の定義である。もともとは中村良夫が『都市をつくる風景』（藤原書店、2010）の中で提唱している。

　これまでの公私計画論に関わる分析を踏まえると、「まちニハ」が生まれる場の条件が各事例に備わっている。

① 　山形御殿堰における「まちニハ」

　一度は暗渠となった御殿堰において、石積み水路を復活させ、民間再開発による共有広場を公と私の共同の場とした。これにより、店舗の庇下からゆったりと広場全体を眺めることができ、水路を挟んだ「まちニハ」空間（店舗＋広場＋水路）が実現した。広場・水路の維持管理（清掃）は地先住民で自主的に行われている。このような場所は、コミュニティの生まれる共同作業場として、つながりが生まれ育っている。時代をさかのぼれば、山形五堰全体においても、町会などでボランティア清掃が盛んに行われ、消防水利などの設備も行き渡っていたようである。

② 　金山水路網における「まちニハ」

　全町公園化構想「百年かけての景観まちづくり」を進めていくうえで、骨格河川

である金山川から取水された水網ネットワークが維持・継続されている。農業用水路が市街地を流れる際に古い家並みに接し、水路沿い民家の出入口周りには私的庭園の公共化が起き、出水・入水の状態となっている。町中に張り巡らされたこの"遣り水"が町の生活と文化に作用している。このように毛細血管のごとく広がる水路網が道路沿いから私有地の庭の中まで入り込むことで、町中でも象徴的な自然を水の流れに感じることができる。

③　富山環水公園における「まちニハ」

運河再生事業の一環で1970年代後半に老朽化された運河の一部を富山駅近9.7 haの総合公園として整備した。町中の貴重な水辺として再生させた親水機能をメインとした都市公園に生まれ変わった。世界的に知られるカフェの誘致により公園に新たな水辺空間の魅力が創出されている。

公園の利便性や魅力向上、公園の賑わい形成に資することを期待して、公園にふさわしい飲食店を公募した（都市公園内への店舗出店は全国初）。カフェの席に座ると個人々々の思いが満たされ、公共空間にはない"私空間の居心地よさ"を享受できる。

④　「関さんの森」における「まちニハ」

松戸市（JR新松戸駅近郊）の一画に残されている民有緑地のなかでも、雑木の茂る「関さんの森」は、1995年に埼玉県生態系保護協会に寄付され、屋敷林約1.5 haが松戸市の特別緑地保全地区に指定された。これにより、斜面林を含む民有林が市民の共有財産となり、市民による生態系保護の活動やさまざまな森と親しむ活動を通じて、自然（生態）と人・社会との共生が実現した。都市の緑地環境の保全にとって、屋敷林の緑（プライベートグリーン）が重要な役割をはたしている。

以上整理したように、これらの4つの事例である山形御殿堰、金山水路網、環水公園、「関さんの森」において、公私計画論における5つの特性「複合的利用」「主体の多様性」「歴史・地域性配慮」「利害・市民要望」「計画・デザイン」が、それぞれ十分に関係性を持っていることが確認できる。

2.6　居心地のよい場を実現するうえで大切なこと

　公私計画論における 5 つの特性が、それぞれの事例の中にどのように関わりを持っているかをマトリックスに整理すると**表 1** のようになる。

表1　4つの整備事例と公私計画論における5つの特性との関係

	複合的利用	主体の多様性	歴史性・地域性配慮	利害関係・市民要望	計画・デザイン
◆山形御殿堰 開放／ オープン型	石積水路から店舗までの私有地空間を共有広場として提供	水路用地の管理は山形市であるが、日常の清掃管理は店側のボランティア	一度暗渠になった水路を開渠化して、水路形状は歴史伝統を継承	七日町御殿堰には仙台など市外からの来訪者が多い	山形伝統の老舗と日本を代表する奥山清行のデザインショップの存在
◆金山水路網 混然／ 出水・入水型	下流は農業用水となるが市街地内は生活用水と積雪時の融雪溝にもなる	市街地内は大堰とめがね堰の2つの水路網と屋敷内の入水水路に分かれる	イザベラ・バードが美しい山とまちを旅行した記録を町の景観百年の根拠とする	市民1人1人が水路を維持していくために日常の清掃などに責任を持つ規範ができている	水路のネットワークと中心街の公園や公共施設を有機的に結び付ける計画がある
◆富山環水公園 緩和／ 飲食活性化型	公園利用者以外に、園外の道路からカフェへの直接利用者もある	公園管理者とは別にカフェ・レストランの経営者が場を仕切ることができる	貯木場であった水面の確保と富岩運河の舟運を体験できる	カフェの魅力・評価は新設時に同一会社2万店の中で第1位を獲得した	「世界一美しい」と言われるカフェと親水公園とが調和をもたらしている
◆松戸 　関さんの森 共有／借景型	個人の家と庭の扱いなど一般見学者が訪れるイベント時の種々の利用について協定を結ぶ	関さんの自宅と庭のエリアと埼玉県生態系保護協会に管理を委ねたエリアに分かれる	100年以上前の農家の屋敷林や道具小屋門扉を残すために、都市計画道路を変更した	屋敷林などを残す市民の要望を受け入れて、都市計画道路を曲線ルートに変更した	屋敷林や自宅の庭からなる里山的空間の維持のため、「関さんの森を育む会」が活躍する

　この表の結果をみると、4 つの事例においては、公私計画論の基本となる 5 つの特性が余すことなく体現されていることがうかがえる。

最後に、居心地のよい場が生まれる条件を整理すると、以下のようになる。

"いかす"：公の水辺に私の緑をつなげて、水と緑を生かす

・都市に象徴的な自然を生かし、山水の気配を感じる空間をつくる。

・水網を確保して、都市に生気をよみがえらせる。

・家々の緑や空間がオープン化されて、公私の場が一体になる。

・河川・水路と接する民地（建築・緑地）との境界が曖昧である。

"つくる"：安心で居心地のよい空間をつくる

・誰もが立ち寄れ、同時にプライバシーが確保される空間を生かす。

・建築物の縁側や軒下などの開かれた私空間を確保する。

・「公」の不特定性の中に、「私」の居心地よさを取り入れる。

"つかう"：「半公半私」の自由な空間を使う

・家々の緑や空間をオープン化して、公私の場が一体になるように、行政、地権者、市民とイメージを共有する。

・河川・水路と接する民地（建築・緑地）との境界にこだわらずに、自由な空間として共有する。

《参考・引用文献》

1) 岡村幸二ほか：水と緑の公私計画論に関する研究 その19，日本建築学会大会梗概集，2021

2) 和辻哲郎：風土 —人間学的考察，岩波文庫，1979

3) 山形五堰パンフレット「四百年の歴史が今…」山形県農村整備課，2010

4) 御殿堰旧城濠土地改良区：御殿堰と水・農民，1995

5) 山田圭二郎：間と景観 —敷地から考える都市デザイン，技報堂出版，2008

6) 中村良夫：都市をつくる風景 —「場所」と「身体」をつなぐもの，藤原書店，2010

7) 関　啓子：「関さんの森」の奇跡 —市民が育む里山が地球を救う，新評論，2020

8) 岡村幸二ほか：生態・社会複合文化系の再構築に関する研究，国土文化研究所年次報告，第11巻，pp. 43-52，2013

9) 岡村幸二：A Study on Socio-Ecological Cultural Complex in Urban Milieu (International Scientific Conference " Landscape and Imagination" Paris)，4.5.2013

10) 飯田哲徳ほか：「まちニワ」実現化方策に関する研究，国土文化研究所年次報告，第13巻，pp.56-65，2015

11) 日本建築学会編：親水空間論 —時代と場所から考える水辺のあり方，技報堂出版，2014

第3章　民間開放論

菅原　遼

3.1　都市の水辺開放が導く地域と水の係わりの再構築

　昨今の地域計画では、身近な水辺空間を生かした地域拠点の形成とネットワーク構築が重要視されており、全国の海岸、港湾、河川では、行政によるトップダウン型による一義的な水辺空間整備ではなく、多様な民間組織が相互に連携を図ることで、水辺の空間ポテンシャル（歴史性、空間性）を最大限に生かし、水辺の有効活用につなげるボトムアップ型の水辺空間利用が展開されている。こうした動向の背景としては、財政逼迫化や人材・ノウハウ不足に伴う行政主導による水辺の空間利用・管理の限界が挙げられ、民間（本稿では、民間企業や市民団体等を指す）の持つ企画力、調整力、事業力への期待の表れといえる。そのため、〈公〉的な水辺を〈私〉的組織に開放していくための各種試みが全国で進められている。2004年に国土交通省が定めた「河川敷地占用許可準則の特例措置」や、2005年に東京都港湾局が定めた「運河ルネサンス事業」は、河川や運河の本来的利用に対する柔軟的解釈を図り、水辺への民間の新たな事業参画を生み出した試みである。昨今では「ミズベリング」と称した水辺を拠点とした地域連携の取り組みも全国的に広がっており、まさに、水辺が多様な民間組織を受け入れる「器」として機能し、新たな地域組織を醸成するきっかけとして位置づけられはじめているといえよう（**写真1**）。こうした全国の同時多発的な水辺の民間開放の動向は、地域と水辺の新たな関係性を再構築しているものとして評価できる。また、水辺の民間開放の取り組みは、〈公〉から〈私〉への方向性だけではなく、〈私〉から〈公〉へと展開された取り組みも全国で散見されはじめている。例えば、民間企業が所有・管理してきた水辺に立地する港湾施設（倉庫施設や造船所等）が産業転換を契機にその役割を終え、次なる水辺利用の一方策として、民間企業が牽引役となり、新たな地域拠点として各種施設の再利用を図り、背後地域へと賑わいが波及することで、地域価値の向上へとつなげている取り組みが挙げられる（**写真2**）。

　その一方、都市の水辺の新たな空間利用を図る際には多くの検討・対応事項が生じる。都心部の水辺空間ならではの複雑な権利関係の解消や、多様な民間組織間の合意形成、水害リスクを考慮したうえでの背後地域との一体的な空間利用等、〈公〉と〈私〉の空間的、組織的な領域を横断する仕組みの構築が重要となる。そこで本

写真1　河川法の規制緩和により実現した河川管理通路上に設置されたテラスから水辺を眺められる飲食施設「北浜テラス」。平日・休日問わず多くの人びとで賑わう。

写真2　民間所有の造船所跡地を文化施設として再利用、開放した「クリエイティブセンター大阪」。造船ドックや倉庫等の港湾施設の現代的活用が図られている。

章では、①規制緩和に基づく民間による水辺利用、②地域組織によるボトムアップ型の水辺利用、③民間主導による水辺の公的開放の3つの視点から、水辺の民間開放の動向とそれを支える空間的、組織的な仕組みを概観したい。

3.2　規制緩和が生み出す水辺利用の多様性

（1）河川空間の民間開放を促す河川法の規制緩和の動き

　わが国の都市河川は、治水機能に重点を置いた空間整備により閉鎖的な空間へと変容することで、河川とその背後地域、さらには都市生活者との関係が物理的、精神的に分断されてきた。しかし近年では、都市生活者の水辺環境に対する関心の高まりに伴い、河川を骨格としたまちづくりが全国で展開され始めている。こうした動向を受け、これまで限定されていた河川空間の占用行為に対する規制緩和が行われ、民間企業や市民団体等の主導による河川区域内での占用・営業行為が可能となり、河川空間の賑わい創出に向けた新たな試みが実施されてきている。

　本来、河川空間の占用に関しては、河川法により許可条件や許可施設等が詳細に規定されており、占用許可に際しては、治水、利水、河川計画との整合性、景観調和等への配慮が重視されるため、占用主体および施設は限定されてきた[1]。1999年に国土交通省により策定された「河川敷地の占用許可準則」では、地元の自治体が判断できる包括的占用許可が可能となったが、占用主体および施設は限定的であり、営利目的による河川占用は認められてこなかった。こうした中、2004年の河

川法の改正に伴い策定された「河川敷地占用許可準則の特例措置」では、河川空間の占用に関する規制緩和が行われ、河川局長が指定した区域に限定して、民間企業等による河川空間の占用・営業活動が可能となった。それにより、広島市、大阪市、名古屋市、福岡市等の全国7都市では、河川敷地内にオープンカフェや川床等を設けた飲食施設が開設され、河川の賑わい創出に向けた「水辺の社会実験」が実施された[2]。こうした社会実験の成果を踏まえ、2011年には「河川空間のオープン化」と称した河川法の改正がなされ、河川管理者の指定した区域においては、時間と場所を限定せずに民間企業や市民団体等による占用・営業活動が可能となった（**表1**）。さらに2016年には、

表1　水辺の社会実験における占用主体および施設に対する規制緩和の経緯

	河川占用 許可準則 （原則）	試行期 許可準則の特例措置 （2004 年 3 月）	展開期 特例措置の一般化 （2011 年 3 月）
区域 指定	—	河川局長の指定区域にて 社会実験として実施	河川管理者による区域指定 占用主体・施設の指定
占用 施設	公共性 公益性 をもつ施設	①広場・イベント施設等 上記と一体をなす飲食店 オープンカフェ・川床等 ②日除け・船上食事施設 突出看板	①広場・イベント施設等 上記と一体をなす飲食店 オープンカフェ・川床等 ②日除け・船上食事施設 突出看板
占用 主体	公的機関	①：公的機関 ②：協議会が承認した 民間事業者	①・②ともに （イ）公的機関 （ロ）協議会が承認した 民間事業者 （ハ）民間事業者

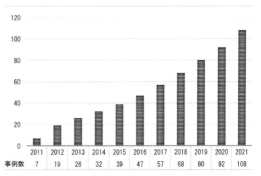

	2011	2012	2013	2014	2015	2016	2017	2018	2019	2020	2021
事例数	7	19	26	32	39	47	57	68	80	92	108

図1　2011年「河川空間のオープン化」適用以降の全国の事例数の推移。河川空間の民間開放が年々増加している状況がわかる。（国土交通省文献[3]を元に筆者作成）

占用期間が3年から10年に延長され、事業性を考慮したうえでの民間の事業参入が可能となった。本制度を適用した河川空間の民間開放の事例は毎年度増加傾向にあり、2021年度時点で全国108か所において展開されている（**図1**）。

　民間企業等による河川空間での占用・営業活動を行う場合には、事業実施を想定する河川区域に対して「都市・地域再生等利用区域」の指定を受ける必要があり、指定後は占用施設、許可方針、占用主体等を定める。また、区域指定を受ける際には「地域の合意形成を図ること」が要件とされているため、自治体、民間企業、市民団体、地域住民等によって構成された「河川敷地の利用調整に関する協議会等」

の設置が必要とされている[4]。

　本節では、「河川空間のオープン化」適用当初から取り組みを展開してきた京橋川（広島県）、道頓堀川（大阪府）、土佐堀川（大阪府）、信濃川（新潟県）の事例から、規制緩和を契機とした河川の民間開放による空間利用の特徴と取り組みの発展性について整理する。

(2) 広島市京橋川「水辺のオープンカフェ」

　広島市では、2003 年に市民と行政の協働により「水の都ひろしま構想」が策定され、河川を活用した映画祭やカヌー教室等が実施されてきた。こうした取り組みが評価され、2004 年には京橋川および元安川沿いが「都市・地域再生等利用区域」に指定され「水辺のオープンカフェ」の取り組みが実施されるようになった。

　水辺のオープンカフェにおける河川敷の利用は、河川沿いの建物の地先（私有地）を河岸緑地（公有地）と一体的に利用した「地先利用型」と、河岸緑地（公有地）に新たに飲食施設を設置した「独立店舗型」に大別される。河岸緑地は河川管理者である広島県から広島市が占用許可を受けたうえで管理運営を担っており、多様な関係者間の係わり方を解消するため、市民や企業、学識経験者、行政で構成される「水の都ひろしま推進協議会」が設立され、協議会が主体となり、出店者の公募選定や関係者間の意見調整が行われている。出店者は、店舗周辺の緑地整備を行うための事業協賛金を店舗の設置面積に応じて支払い、加えて、周辺の日常的な清掃活動も義務づけられている（**写真 3**）。このように、水辺のオープンカフェでは、継続的な水辺環境整備・管理運営のための仕組みに基づき運用されており、河岸緑地周辺の賑わい創出へとつなげている。こうした取り組みの効果としては、不法駐

写真 3　京橋川沿いの河岸緑地内に設置された「水辺のオープンカフェ（独立店舗型）」。日常的な河岸緑地の維持管理を事業者が担う仕組みとなっている。

車および駐輪の改善や事業協賛金により設置された電灯による深夜帯の防犯効果等が挙げられる。

(3)　大阪市道頓堀川「とんぼりリバーウォーク」

　大阪市の繁華街を流れる道頓堀川では、1995 年に大阪市建設局が策定した「道頓堀川水辺整備事業」に基づき、道頓堀川が「川」と「まち」を構成する重要な空間として位置づけられ、約 1.0km の河川沿いの遊歩道「とんぼりリバーウォーク」の整備が行われた。また、高潮防御や潮の干満差を一定に保つ機能等を持つ水門、観光船航行による賑わい創出を図るための船着場が整備されてきた。2004 年には道頓堀川の一部が特例措置の区域として指定されることで規制緩和の対象となり、道頓堀川におけるイベント実施や物販行為としての利用が可能となった。道頓堀川沿いの建物の多くは河川に対して背を向けるものが大半を占めていた状態であったが、親水施設の整備や規制緩和の導入後は、川沿いの建物が徐々に川側にも出入り口を設けはじめ、水辺空間の存在を意識した建物への改修および営業形態の変更が行われ [5]、さらには、遊歩道や河川上において多様なイベントが開催されるようになり、道頓堀川の日常的な賑わいが生み出されていった（**写真 4**）。

　こうした中、2011 年の河川法の改正に伴い、社会実験として実施していた規制緩和の内容が恒常的に可能となり、加えて河川区域内の占用主体が民間事業者も対象となった。そのため、大阪市によるとんぼりリバーウォークの指定管理を行う公募が行われ、2012 年には指定管理業務を地元企業である南海電鉄株式会社（以下、南海電鉄）が受託することになった。南海電鉄の主な業務内容は、①賑わい創出に関する業務（イベント、広告、カフェ等の誘致）、②維持管理業務（遊歩道清掃、

写真 4　道頓堀川沿いに整備された「とんぼりリバーウォーク」と河川側に出入り口を設けた店舗。河川の民間開放が沿川建物の形態に影響を及ぼす。

警備巡回）、③その他業務（協議会の開催等）が挙げられ、まさに、水辺空間の日常的な利用管理を担う組織体としての役割を果たしている。

(4) 大阪市土佐堀川「北浜テラス」

　大阪市土佐堀川には、堤防上に鉄骨で足場を組み、ウッドデッキを張った構造の川床が設置され、「北浜テラス」として特有の賑わいを生み出している（**写真 5**）。この取り組みは、元々、沿川の建物所有者 Y 氏による独自の試みがきっかけとなった。Y 氏は土佐堀川の沿川建物 1 階において飲食店を営業し、2005 年から規制緩和に関連させず独自に川床を試行してきた。年一回の天神祭の直前に店の換気扇が決まって「故障」するため、修理のために仮設の足場の設置申請を管理者に対して行い、鉄パイプを組んだ上に床を張り、その場所を〈偶然〉来店者が利用していたのである。まさにゲリラ的試みともいえるが、こうした取り組みが北浜テラスの原型となった。

　2009 年には、北浜地区が「都市・地域再生等利用区域」に指定され、常設の川床設置が可能となった。これを支えてきたのが建物所有者やテナント、市民団体、近隣住民等の地元関係者で構成された「北浜水辺協議会」である。協議会では、建築分野やまちづくり分野、不動産分野に関わる人々が持つ、水辺の利活用に関するノウハウや経験値を生かし、沿川建物の状況調査やビル・テナントオーナーの発掘、デザインガイドラインの作成、関係各所との協議等、川床実現のための役割を担ってきた。この協議会は、主に川床を設置使用するオーナーらの年会費で運営されており、川床設置も自らの費用により行われているため、必要以上に費用がかさむことは川床事業への新規参入に対して大きなハードルとなる。そこで設計や設置コス

写真 5　土佐堀川沿いの沿川建物から拡張される形で設置された川床「北浜テラス」。地元のボトムアップ型の試みが新たな水辺の風景を生み出す。

トを抑制するため、関係各所と協議を行い、建築基準法の適用を受けない工作物として、必要最小限の許認可手続きによる設置が可能となった。

　2009年に3店舗から営業が始まった北浜テラスは、2020年時点において14店舗まで増加しており、北浜地区特有の水辺の風景を生み出しているといえる。こうした地域主導による水辺の利活用を通して、水辺を有する地域がその場所の価値・魅力を理解し、その利活用方法を地域内で共有し、その実現に向けた実施体制および仕組みを構築していくことが必要不可欠であることがわかる。

(5) 新潟市信濃川「信濃川やすらぎ堤」

　新潟市信濃川に整備された河岸緑地「信濃川やすらぎ堤（以下、やすらぎ堤）」では、2016年の「都市・地域再生等利用区域」の指定を契機に、河川管理者（国土交通省）から河川占用許可を受けた新潟市によるやすらぎ堤の施設使用者の公募・選定が行われた。施設使用者に選定されたアウトドアメーカーS社は、2017年以降、やすらぎ堤を飲食の場として開放する「ミズベリング信濃川やすらぎ堤」を継続的に開催し、毎年、30,000人以上の利用者と一定の売り上げを河岸緑地において創出している（**写真6**）。こうしたやすらぎ堤の取り組みは、河川管理者や占用主体による河川の利用・維持管理に関する財源を設けず、民間企業単独の事業実施により河川の賑わい創出を生み出している点が特徴といえる。こうした仕組みは、河川空間の占用を通した「民間主導−行政支援型」の事業スキームとして評価できる一方、施設の利用・維持管理を担う民間企業にとっては、河川空間を拠点としたイベント開催やそれに関わる地域内の意見調整等の事業運営能力が必要とされる仕組みともいえる。

**写真6　**新潟市信濃川沿いの「信濃川やすらぎ堤」での空間利用の様子。アウトドア製品を多用した仮設的な賑わい創出イベントが開催されている。

3.3 親水組織が育てる地域の共有資源としての水辺の存在

(1) 親水まちづくりの発展を支える親水組織の考え方とその役割

　都市環境における水辺空間の存在価値が高まる昨今、身近な生活環境に整備された水辺空間の日常的な利用につなげるための市民活動が全国的に展開されてきている。こうした取り組みは、〈公〉的空間として整備された水辺を拠点として、多様な地域組織が協働し、これまで限定的となっていた水辺の空間利用および管理運営の可能性を広げている動きとして捉えることができ、地域組織主導によるボトムアップ型の水辺利用といえる。また、地域性を考慮した独自の水辺利用の取り組みでは、水辺利用に係わる多様な主体をコーディネートする中間的組織が水辺の空間

性や歴史性等の地域文脈を読み解き、空間利用を支える仕組みづくりや地域内の合意形成等を図ることにより、特有の水辺空間利用へと発展させており、親水まちづくりにおける地域内の重要な役割を果たしているといえる。本節では、親水まちづくりの発展に資する中間的組織を「親水組織」として定義（**図2**）し、水辺利用に係わる地域内の地縁型組織とテーマ型組織が複合的に係わり合い、地域ごとの事情に応じた取り組みの展開へとつなげている動きに着目する。

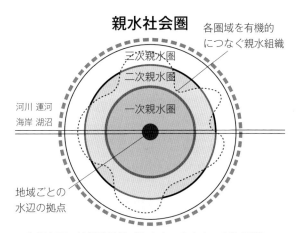

一次親水圏：地縁型組織（町内会、商店会、自治体等）
二次親水圏：テーマ型組織（NPO団体、市民団体等）
三次親水圏：水辺利用者、来訪者

図2　親水まちづくりに係わる多様なステークホルダーとそれを有機的につなげる役割を果たす「親水組織」の考え方。

(2) 横浜市大岡川「大岡川桜桟橋」を拠点とした地域組織の形成

　神奈川県横浜市の市街地内を流れる二級河川・大岡川では、近年、多様な水面利用が図られてきている。河川沿いに植樹された桜並木を眺める観光船の航行に加えて、カヤックやスタンド・アップ・パドル（以下、SUP）に代表されるような、水

写真7　大岡川の市民活動拠点「大岡川桜桟橋」。大岡川の水面上には多様な水域レクリエーション活動が日常的に展開されている。

域レクリエーション活動も活発化してきている。こうした多様な水面利用を支えているのは、日常的な市民利用が可能な船着場「大岡川桜桟橋」と、桟橋の管理運営を担う地域組織「川の駅運営委員会」の存在である（**写真7**）。

　大岡川では、1981年の大岡川分水路の整備を契機に、河川沿いの遊歩道（大岡川プロムナード）が整備されてきた。こうした中で、1999年に神奈川県が策定した「大岡川河川再生計画」に基づき、河川利用の拠点として下流域の河川沿いに船着場が4か所（大岡川夢ロード、大岡川桜桟橋、ふれあいアクアパーク、横浜日ノ出桟橋）整備されてきた（**図3**）。特に大岡川桜桟橋については、大岡川河川再生計画の策定当時は整備施設として検討されていな

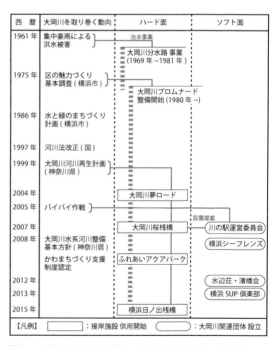

図3　大岡川の河川整備と市民活動の経緯と関連性。大岡川桜桟橋の整備を契機に、多様な組織体の参加と連携が図られてきた。

かったが、地域住民の設置要望を皮切りに、新たな水辺の拠点施設として位置づけられた。大岡川桜桟橋の維持管理は、地域住民により構成された川の駅運営委員会が河川管理者（神奈川県）より委託を受けることで実施している。

　河川沿いに整備された大岡川夢ロード、大岡川桜桟橋、ふれあいアクアパークでは、カヤックや SUP 等の水域レクリエーション活動での利用を前提とした整備がなされている。大岡川夢ロードとふれあいアクアパークは、河川管理者が管理主体を担っていることもあり、平日に利用手続きを行う必要があるため、一般利用者の利用が限定的な状況がみられる一方、川の駅運営委員会が管理する大岡川桜桟橋では、日常的な鍵の管理および貸出しを行なっているため、本来必要となる施設の利用手続きを簡略化し、円滑な施設利用につなげる体制が構築されている。そのため、大岡川桜桟橋は、ほかの船着場と比較して利用頻度が高く、大岡川の多様な水面利用を支える拠点として役割を果たしているといえる[6]。

　川の駅運営委員会は、設立当初、大岡川流域の町内会や商店会、市民団体等の地域住民が中心となって構成され、大岡川桜桟橋の利用調整および維持管理、環境教育活動等を実施していた。その後、大岡川桜桟橋を拠点に活動を展開しはじめた市民団体との連携を図り、多様な河川利用イベントや清掃活動、水上利用ルールの策定等の活動が展開していった。こうした大岡川桜桟橋に係わる各種組織の関係性の変遷は「発足期－増加期－発展期」として整理することができ（**図4**）、特に発展期では、地元の自治体や地域住民との密接な関係性を持つ川の駅運営委員会のような「地縁型組織」と、水辺利用に関する事業性および専門性を有する市民団体のような「テーマ型組織」が連携し、大岡川桜桟橋の利用・維持管理に関して相互の特徴を考慮した役割分担

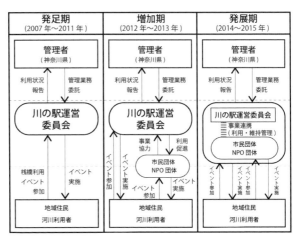

図4　大岡川桜桟橋に係わる組織体の関係性の経緯。川の駅運営委員会の組織形態の発展が河川利用の多様性へとつながっていった。

が行われ、多様な河川利用が図られてきた。また、テーマ型組織による新たな河川利用の取り組みが展開されることで、河川利用に関して、地縁型組織による地域住民の誘致のみに限定されず、テーマ型組織による広範な地域からの来訪者の誘致も図られるようになった。

3.4　〈私〉的な水辺を〈公〉的に開放する

(1)　産業拠点としての水辺を街の賑わい拠点に転換する

　都市近郊部の運河や河川は、歴史的背景として港湾・物流機能の役割を果たしてきたため、造船所や港湾倉庫等を代表するような民間所有の港湾施設が多数立地してきた。こうした港湾施設は、産業転換に伴う空洞化・遊休化が全国的に進むことで、各種施設の有効活用に向けた取り組みが試行されてきている。こうした動向は、工業的利用としての〈私〉的な水辺利用を、都市的利用としての〈公〉的な水辺利用へと転換していくものとして捉えることができ、都心部の水辺空間を歴史的に占有してきた港湾事業者や不動産業者が主体となり、水辺を街に開放することで、新たな水辺の拠点として再生させるきっかけづくりとなっている。本節では、こうした産業拠点であった水辺を、民間主導により街の新たな拠点として再生させた取り組みを取り上げる。

(2)　大阪市「クリエイティブセンター大阪」：造船所跡地の再利用から始める背後地域への文化活動の波及

　大阪府大阪市住之江区の木津川沿いに位置する北加賀屋地区は、戦後以降、造船所を拠点として発展した港湾地域であった。そうした地域が一転、造船所の移転を契機に、造船所や倉庫、宿舎を文化施設として再利用した新たな文化拠点として街の状況を変容させた。特に、木津川沿いに立地する造船ドッグを有する造船所跡地は、文化発信拠点「クリエイティブセンター大阪」として再利用され、造船ドッグの水面を含めた造船所施設の文化施設としての転用が図られた。この取り組みは、北加賀屋地区の土地を所有・管理してきた地元不動産会社・千島土地株式会社（以下、千島土地）が主導し、港湾地域の水辺開放を扇動してきた成果である。

　北加賀屋地区の大半の土地を所有する千島土地は、大正時代から高度成長期にかけて、造船所やその関連工場へ土地を賃貸してきたが、船舶の大型化や産業構造の変化に伴う造船所の移転により、各種企業からの土地の返還が進んだ。中でも大きな動きは、1988年における木津川沿いに立地する造船所約 42,000 m^2 の返還であった。返還当時はバブル真っ只中であったため、上家等の解体による更地返還で

はなく、将来的な施設活用を視野に入れ、敷地内の作業場や造船ドッグ等の各種施設を残存させた状態での返還となった。返還された造船所跡地の活用方策を模索していた千島土地であったが、都市計画法上の用途地域（工業専用地域）および港湾法上の分区（工業港区）といった港湾地域特有の法制度規制の関係上、限定的な施設利用（倉庫のライブスタジオへの活用）にとどまっていた。

こうした中、文化施設としての活用へと舵を切ったのは、千島土地の社長・芝川氏とアートプロデューサー・小原氏の出会いがきっかけであった。造船所跡地の持つ空間性を芸術活動の拠点として活用したいと考えた小原氏から長期間の土地・建物の貸借による文化施設利用の提案が行われたのである。2004年には造船所の跡地活用に向けた実行委員会による「NAMURA ART MEETING」が開催され、施設活用に向けた議論が行われた。その後、普通借地の貸借期間30年間を前提として、2004年～2034年の期間における造船所跡地の貸し出しが決定（**図5**）し、2005年に「クリエイティブセンター大阪」が開業された。クリエイティブセンター大阪では、作業所や倉庫の内部を芸術活動の表現の場としてアーティストに貸し出すとともに、造船所跡地の広大な敷地を生かしたアートイベントが定期的に開催されており、その際には造船ドッグの水面上への展示も行われている（**写真8**）。

北加賀屋地区では、クリエイティブセンター大阪の開業を契機に、これまで遊休化、空き家化が進行していた造船所の背後地域の倉庫、店舗、宿舎等を対象としたアーティストへの貸し出しが行われはじめた（**写真9**）。いずれの建物も既存の建築物を残したまま千島土地に返還された物件であり、それらをアーティストに貸し

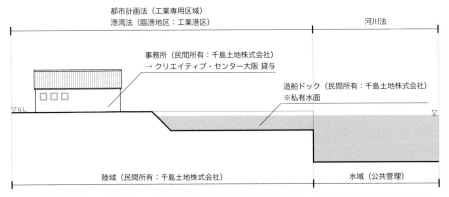

図5 造船所跡地の文化施設への活用における空間利用の模式図。港湾地域特有の法制度への対応と造船所施設の活用が試みられている。

写真8　クリエイティブセンター大阪の様子。造船ドッグや作業所内の原図場等を活用した港湾地域の文化活動拠点として利用されている。

写真9　工場や宿舎等の造船所関連施設の跡地を活用した飲食店やアトリエ。地域全体に形成され文化地域としての面的な波及効果がみられる。

すことにより創作活動や発信の場として随時改修され、建物自体への価値、ひいては、北加賀屋地区全体の価値向上へと波及していった。こうした取り組みは、港湾地域特有の民間所有の水辺における〈私〉的空間（造船所）の〈公〉的な空間利用（文化施設）への転換が、背後地域に点在する土地利用へと影響を及ぼす波及効果として捉えることができ、わが国で散見される歴史的経緯による水辺の私有化に対して、広域かつ大規模なウォーターフロント再開発とは異なる、民間主導による文化的であり、ヒューマンスケールに合わせた水辺開放と、背後地域との一体性の創出へとつなげている事例として評価できる。

3.5　水辺の民間開放を支える仕組みと地域波及の発展性

(1)　水辺の民間開放による段階的な地域波及

　本章で取り上げた水辺の民間開放の取り組みには、地域への波及効果の観点による段階性をみることができ、地域固有の水辺利用の展開と画一的な水辺空間利用へとつなげている「局所的活用型」、水辺のオープンスペースや沿川建物の利用用途に対して線、面的な影響を及ぼしている「空間価値向上型」、民間主導（ボトムアップ）型による背後地域の土地利用の変化へと影響を及ぼしている「地域波及型」に整理できる。

(2)　親水拠点の構築と背後地域への連続性

　都市の水辺では、治水機能や物流機能に特化した空間整備が施されてきたため、背後地域からのアクセス性が極端に低い場所が点在している。こうした状況の中で、水辺空間の占用による局所的な取り組みを実施した場合、集客性は見込めず、背後地域への賑わいの波及効果も望めない。そのため、水辺空間の占用に関する事業推進に加えて、背後地域（公有地・民有地）との一体的利用を図る必要がある（**図6**）。大阪市土佐堀川「北浜テラス」では、水辺の賑わい創出が契機となり、沿川建物の1階部分の改修が進み、河川にオモテを向いた建築物が建ち並ぶことで、地域価値

図6　都市の水辺の地域管理に向けた空間面・機能面・制度面の背後地域との関係性の模式図。

の向上につながった。こうした背後地域の付加価値の向上に寄与する水辺空間の占用の取り組みの実施展開が求められる。

(3) 継続的な水辺利用を支える「親水組織」の確立

　近年の水辺利用の取り組みを概観すると、活用のムーブメントに対応したかたちで単発のイベント開催や施設設置にとどまってしまう事例が散見される。また、地域の水辺利用に関するビジョン策定・共有が行われず、地域性を考慮しない既視感のある水辺利用が実施されることで、単発的な取り組みに終始している事例も多い。継続的な水辺利用のためには、地域の環境資源として水辺空間を捉え直したうえで、継続的な取り組みとして水辺利用を推進する組織体（親水組織）の確立が重要である（**図 7**）。多様な組織・団体が係わり合う水辺利用だからこそ、水辺利用に特化

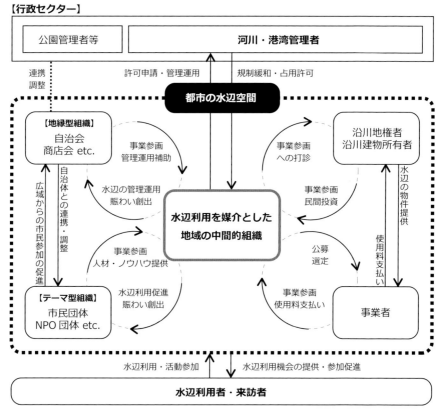

図 7　水辺利用を媒介とした多様なステークホルダーをつなぐ地域内の中間的組織（親水組織）の役割と主体間の関係性。

した組織体が地域内のコーディネートの担い手として機能する水辺利用を媒介とした地域経営の視点が必要となる。

《参考・引用文献》

1) 吉川勝秀：河川の管理と空間利用 —川はだれのものか、どうつき合うのか，鹿島出版会，pp.77-88，2009

2) 菅原　遼・市川尚紀・畔柳昭雄：都心部の水辺の社会実験に見る事業スキームに関する研究，沿岸域学会誌，第 28 巻 第 1 号，pp.61-70，2015

3) 国土交通省水管理・国土保全局：令和 4 年 8 月河川空間のオープン化活用事例集，pp.2-3，2022

4) 菅原　遼：水辺の公共空間の占用をめぐる実態と課題，都市問題，第 111 巻 第 4 号，pp.52-62，2020

5) 田島洋輔・岡田智秀：水辺環境を活かした河川空間の魅力形成に関する研究 —水都大阪・水の回廊エリアにおける船着場と遊歩道と水辺を意識した建物の空間的波及と管理運営者の戦略プロセス，日本建築学会計画系論文集，第 84 巻 第 762 号，pp.1769-1778，2019

6) 菅原　遼：大岡川下流域の河川利用に見られる地域連携の特徴，環境情報科学学術研究論文集 29，pp.219-224，2015

第4章 住生活論 —流域の住まい方から見る、持続可能な暮らしの形—

畔柳昭雄、青木秀史

4.1 暮らしと水

「水」を都市環境の一部として積極的にまちづくりに取り入れることで、快適性に富み、潤いに満ちた環境や空間を人々に提供する取り組みが進展してきた。その一方で、地球温暖化による気候変動がもたらす異常気象により降水量が増大し、各地に甚大な水害被害を呼び起こしている。こうした二律背反な様相を持ちながらも「水」や「水辺」に対して今日関心が高まってきている。そこで本章では、「住生活」すなわち「暮らし」において「水」から受ける規定や設えをとおして、「水との係わり」から生み出される暮らしにおける「公私」について概説する。

(1) 暮らしを規定する水

人々の暮らしと水との係わりの親密さは既知のことと思われる。飲料水としての水や生活用水としての水は生活を営むうえで欠くべからざるものである。そのため、降水を集水したり水源の流れを制御することで、飲料水や生活用水を確保するが、その手立てとして地表や地下に水路が開削されたり、井戸が掘削されることで水利用の要に供されてきた。また、水路には利用のための利水空間や親水空間がつくられ、これらが集積することにより水網集落や水郷集落における水と係る暮らしが支えられてきた。今日、こうした水路が流れる集落では、水路の持つ価値や資源的側面が再認識・再評価されてきている。

水路のある集落では、導水するための疎水や水路に形態的、空間的な違いは見られても、利用するうえでの「しきたり」「習わし」「習慣」や「規約」などがどこの地区においても必ず定められていたり、暗黙の裡に誰ともなく遵守されることで「水」は守られてきた。このことに関しては、国や地域や場所において違いは見られても、概ね大同小異の差で水にまつわる習慣には共通性や類似性が垣間見られる。水路はそれを引き込む集落や地域、およびそこで生活する住民にとっては公共財であるが、利用するうえでつくられた水辺の設えは概ね私有である。それでも水源に連なる上流の人は下流の人の利用を考慮しながら水を使うことが暗黙の了解として根付いており、それが地域における暮らしの中で規範意識や相互扶助として養われることにより、相乗効果として地域社会の結束を高めることにもつながってきた。

水に係る「しきたり」「習わし」について見ていくと、日本の「しきたり」「習わし」

については、隣国の中国（中華人民共和国）における水網集落や水郷集落における
ものと共通性や類似性が多く感じられ、水利用形態や水空間など水のある場所性や
空間性においても共通性や類似性を見ることができ、水の使い方に見る暮らし方で
は共通性が多いと言える。例えば、水網と呼ばれるような水路を縦横に張り巡らせ
た集落などは日本、中国では共通性や類似性を比較的多く見ることができる。その
中で、日本の郡上八幡や琵琶湖畔の周辺の集落では、水路を使ううえでは上流の住
民は下流の住民への気配りを忘れず、排水は流さず、水は飲用、濯ぎ、洗いと区別
されて段階的な使い分けをするなど、水に関する不文律や規範意識が根付いた地域
社会が形成されており、琵琶湖畔の滋賀県高島町針江集落や周辺の集落では、上流
部の水源から集落全体に水が行き渡るように、枝分かれして疎水が引き込まれ、そ
れぞれの住戸の屋敷前には水路が引かれていたり、屋敷内に水路が引き込まれるこ
とで各住戸における水利用の利便性が高められてきた。さらに、各住戸に引き込ま
れた水路には**写真1**のような「川端（カバタ）」と呼ばれる専用の水場を備えた建
屋が設けられ、家事に多用しやすいように配慮されてきた。ここで使われた水は濯

ぎや洗い程度とすることで水路に
はそのまま排水せずに畑や花壇に
散水したり、川端の中で鯉を飼育
し残飯処理をさせ、下流域への汚
水の拡散を防いだ。また、年間を
通して水路の清掃は住民間におい
て不文律のように行われてきた。

　一方、隣国の中国を見ると四川
省麗江の大研古城では、**図1**のよ
うに張り巡らされた水路には**図2**
に示すような親水空間が設けられ、
これらと一眼井や**図3**の三眼井と
呼ばれる自噴井の利用については、
地域や住民間において利用上の規
約が設けられている。水路の水利
用の場合、水道の普及する 1970
年以前は、朝7時から夜 10 時ま
では飲料水としての水汲み利用が

写真1　滋賀県高島町針江集落の民間の内川端

優先され、野菜洗いや洗
濯などの水利用はこの
時間帯以外とされた。ま
た、昼間は男性が体を洗
い、夜間は女性が桶を使
い、体を洗う場としても
使用された。

　こうした慣行の遵守
とともに、子供に対して
は水路や水での遊びを
厳しく戒めてきた。

　一眼井や三眼井と呼
ばれる自噴井の場合、水

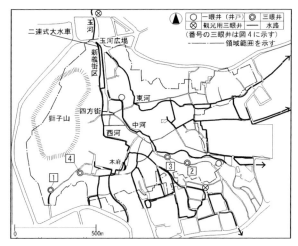

図１　麗江研古城の水路網

の流れ出る口元にある水槽が飲料水などに使われ、下に行くほど雑用水に使われる
ようになるが、水を使う時間や使い方については習慣や守るべきしきたりがある。

　こうした生活用水の確保のための公共財としての水路については、日本も中国も
利用面で水の使い方を規定することで維持管理が行われ、水路を引き入れた各住戸
における水利用についても過度な水利用や周辺への汚れの拡散を抑制することが不
文律でなされるなど、地域共同体的な思考に基づく規範意識が形成されることで水
を使ううえでの公私の側面が、日常生活の中に定着することで、水路は持続的に維

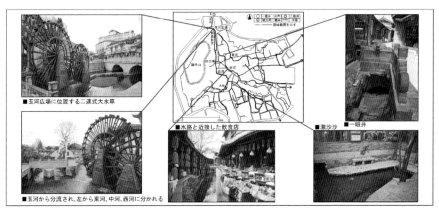

図２　水路に設置された各種親水空間と一眼井

持され継続的な利用を可能にしてきたものと思われる。

しかし、その後に水道が各家庭に普及することで水利用が自由になり、伝統的な水路や自噴井の利用法は次第に消滅していき、それに伴い水利用上の伝統的慣行や規範意識、習わしや慣習などは希薄化し消滅の途に曝されるようになってきた。利便性や近代化の進展は塵芥や汚水などの不法投棄や規約の軽視を生じさせており、水環境の悪化が進んできている状況にあり、公私における水との係わりに対する再認識が重要となってきている。

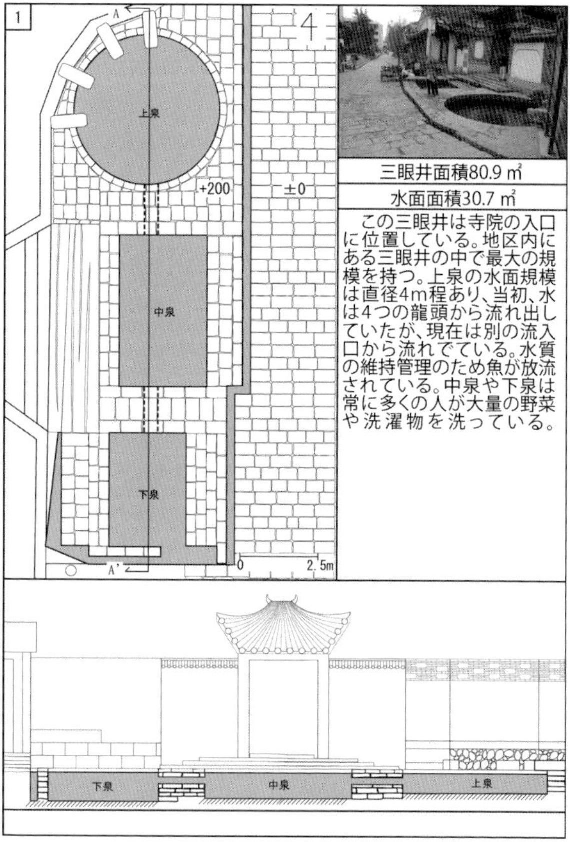
1
A
上泉
+200
±0
4
中泉
下泉
A'
0
2.5m
三眼井面積80.9 ㎡
水面面積30.7 ㎡
この三眼井は寺院の入口に位置している。地区内にある三眼井の中で最大の規模を持つ。上泉の水面規模は直径4m程あり、当初、水は4つの龍頭から流れ出していたが、現在は別の流入口から流れでている。水質の維持管理のため魚が放流されている。中泉や下泉は常に多くの人が大量の野菜や洗濯物を洗っている。
下泉
中泉
上泉

図3　三眼井：白馬龍潭（図1の1）

(2)　水との係わりから生まれる意識と習慣、空間と設え

人と水との係わりは多様であり、生存（生きる）のための水、生活（暮らす）のための水、快適さをもたらす水、脅威をもたらす水などがある。生存のための水は飲用であり、生活のための水は直接的・間接的な利用により暮らしを支え、快適さの水は涼感や景観、安らぎや潤いなど生理的・心理的な作用のほか、場や空間の提供がある。脅威は洪水や浸水など人々の生命を脅かす水害がある。

こうした多様な水との係わり方をとおして、人々の心の中に水に対するさまざまな意識（畏敬の念や脅威）を芽生えさせるとともに人々の行動を規制し、生活の中に水にまつわる習慣や習わしを定着させ、そこには地域特有の空間や設えを生み出してきた。さらに、水の利用形態としての設えにおいて共通性や類似性も見られる。

　水との係わりが生み出した空間や設えとしては、水路が縦横に配された琵琶湖の湖畔周辺部の針江集落などでは「川端（カバタ）」やそれに類する利水空間がある。川端は主屋との関係性が強く、形態的には水路型、屋外独立型（外川端）、屋内独立型（内川端）、付属型、内部型などに分類でき、それらの設えを見ると、前二者は接水空間や空間的領域に自然石を組んだり、側溝に手を加えて生み出し、後三者は固有の建築的空間で包含したり、主屋内部に設けられたものもある。配置は、主屋の正面か背面あるいは脇（並列）に据えられている。使われ方については、概ね生活系や親水系の行為が見られるが、特徴的なものとしては、水の冷却効果の利用や鯉を使った生態系活用による水質浄化などが見られる。川端を設えているところでは水に対する住民意識は比較的高く、明文化された規則も特にないが、自主的な維持管理が積極的に行われるなど、規範意識が集落全体に浸透している。

　また、日本には「水舟」と呼ばれる三段階の水槽を伴う水場があり、郡上八幡などで見ることができるが、同じものを中国においても見ることができ、先述した四川省麗江では「三眼井」と呼ばれる水場として日常的に利用されてきている。これらの設えは両者ともに三段階の水槽を備えており、使い方においても類似した規定を備えている。

　一方、わが国には概ね3万余りの河川が流下しているが、これらの河川流域は豊かな流れから広く恩恵を得るだけではなく、時として甚大な被害を被ることもあり、多くの場合、洪水常襲河川としての側面を持つ。洪水常襲河川あるいは水害常襲河川は梯らの研究 [1] では138か所ほどあるとしている。こうした河川流域に生業を伴い長年定住してきた人々は、水害を被ることはある程度やむを得ないことと理解しており、被害を防ぐよりも最小化するための減勢治水や減災化のための方策を種々段階的に取り入れ、避難時、浸水時、復旧時を想定した備えを各戸でしてきた。

　今日、地球温暖化や気候変動により水害の多発する状況となり、国では「流域治水」の概念を提唱し、流域に関わる住民や関係者が協働して、氾濫を防ぎ減らす対策を講じ、被害を減らす対策を講じ、被害後は早期に復旧復興を図るとした考え方を提示している。

　片や水害常襲河川として代表的な木曾三川（木曾川、長良川、揖保川）では、既に過去の被災経験を生かすことで、災害が発生する兆候の捉え方や、災害に対する対応や行動の仕方、被災後の対処などが、地域住民の日常生活の中において潜在的に位置づけられ、親世代から子や孫世代へと代々にわたり生活の知恵として伝承さ

れてきていた。こうしたことを背景に構築されてきた住民間の連帯意識や絆、掟が、住民生活の中に継承され共助を形成してきた。しかしながら、近代化政策の中で進められてきた治水対策事業は、こうした文化を次第に不要化、形骸化してきており、それは住民間の付き合い方の変化、生活様式の変化、建築の建て方の変化として顕在化し、地域の水との係わりが築いてきた生活景を大きく変えてきている。そのため、かつての洪水への備えと、今日的な治水対策の考え方をいかにしてすり合わせるかが重要な取り組みにもなる。

また、水害常襲河川の流域には "河川伝統技術"[2]と呼ばれる日本の河川の特性に適応して使用されてきた河川工法（の総称）が、コンクリートなどを用いた近代的な治水技術とは異なり、地域的な備えとして考案されてきた。例えば、木製の水制工や、堤防に開口部を設けた不連続な霞堤と呼ばれる堤防があるが、集落や家屋への浸水被害を防ぐための技術としては集落一帯を囲む築捨堤や輪中堤などがある。また、こうした輪中堤の中の集落にある各屋敷では、道路面よりも敷地を嵩上げすることが行われ、屋敷内にある建物は、付属屋、主屋、水塚の順に地盤面（基壇）を高くすることで洪水時に浸水を被りにくくしてきた。特に水塚は絶対的な高さで盛土されることで浸水を防いだ。水防建築の水屋は非常用の食糧保管の場として使われ、屋根裏は、洪水時の避難生活の場や家財道具などの保管場所として利用されてきた。

常襲的な浸水被害に対しての備えは、河川→輪中堤→水田→自然堤防→屋敷→嵩上げ→家屋→基壇→水屋・水塚とそれぞれの水防技術の限界を考慮することで、段階ごとに異なる対策技術を取り入れており、単なるモノに依存した防御ではなく、先人たちの経験や知識に基づく知恵を生かすことで「人－モノ－知恵」により減災が図られてきた。

洪水や冠水による浸水は時間を要して被害を拡大させるため、水害常襲河川の流域の家々を見ると、この時間的変化に沿った浸水状況を長年の経験に基づき知恵として反映し、効果的な家づくりがなされ、災害を被ることを前提とした減災化が図られてきた。

洪水や浸水は集落から各民家へと被害を及ぼすが、公としての集落は輪中堤や囲堤で守りつつ、私としての民家は敷地を段階的に嵩上げし、家屋は基壇を設け、さらに水屋・水塚は絶対的高さを確保して水害を逃れるようにしてきた。また、集落内道路や境内など地域住民が使う場所や空間でも水害への備えがなされてきた。

（3）水害は「恵」であり「生活の一部」

　水害常襲河川の流域で暮らす人々は、毎年起こる氾濫による浸水や冠水による被害に対して、地域一帯から各住民の暮らす家屋に至るまでのさまざまなレベルにおいて水害対策を講じることにより、地域に永続的に定住し続けている（**図4**）。

　ではなぜ、毎年のように水害被害を危惧したり、被災している地域にわざわざ住み続けるのか。その理由を見ると、河川の増水や氾濫により浸水被害も受けるが、一方で流水とともに運ばれる肥沃な土砂が田畑に供給されることで農作物の生育がよくなるなどの恩恵があったとされる。逆に言

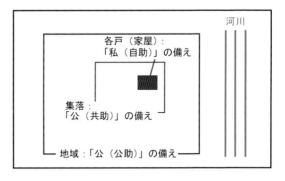

図4　空間的工夫に見られる公-私の関係性

えば「恵み」に満ちた地域と言うこともできる。つまり、日常の生活を支える耕作地に、洪水時には肥沃な土砂が運ばれてくるため、最大限の恩恵を受ける場所とも言える。そのため、年に一度程度の洪水や浸水の被害さえ耐え忍ぶことができれば、農作物に恵まれた豊かな暮らしが維持継続できるという思いがあり、そのための暮らしを守る多様な水防技術が、公や私のレベルで各々生み出されてきた。

　また、埼玉県・東京都の東側を流下する荒川流域の堤外地に住んでいる住民に対する調査の折、なぜ洪水の恐れのない安全な堤内地で暮らさないのかと尋ねると、「川の近くで暮らすより、川が見えない地域で暮らす方が怖い」との話しがあり、これはいかに日常生活の中で川を意識した暮らしが営まれていたかを物語っている回答と思われる。この住民が指摘するように、その昔、水害常襲地帯では現在のような堤防等の公共による治水整備事業が十分にはできなかったことを背景に、「私」としての地域住民は自らが暮らす地域や家屋を水害被害から守るために長年培ってきた複層的な水防技術により、水害を「生活の一部」として捉えることで、洪水時においても「備え」を極当たり前のこととして準備し、段階的に自然災害に対処してきたことがうかがえる。

4.2 水の脅威が醸成する住民意識

(1) 規範意識

　今日、都市においては身近な自然環境を積極的に都市環境として生かす試みがなされてきており、「緑と水」に対する関心は高まりを見せている。しかしながら、地球温暖化による気候変動が顕著になり、都市部では毎年夏季になると、局地的な集中豪雨や線状降水帯の発生が頻繁になり水害被害が増加してきている。そうした中で、水害を恒常的に被ってきた集落や地域では、水の脅威に対する「備え」を怠ることなく、日常生活の生活行動と水害時の生活行動に対する取り組みが図られ、被害の最小化が図られてきていた。

　地域社会としての水辺の維持・管理や荒天時の河川増水による水害への危機対応などを見ると、住民自らによる対応が図れていることがわかる。日常生活において欠かせない水の供給源となってきた水路は、集落内を縦横に張り巡らされているため、各家々では最も頻繁に使う水辺の清掃は日々の生活の中で小まめに行われ、大規模な川さらいや掻い掘りは年一回集落総出で行われることが慣習として行われてきた。一方、岐阜県十六町では、各世帯から成人男性を必ず参加させる「総出」という対応が取られ、水害への備えとして平常時あるいは増水時の水位を明確にするため、年に二度堤防の草刈り作業が行われてきた。また、河川の増水時には、水防係が輪中堤内の補強すべき場所や決壊しやすい場所を点検し、場合によっては集落総出で補強作業が行われた。そのほか、事前の役割分担に基づく防災訓練や水屋への家財道具の搬入および水屋のない近隣住民の避難や炊き出しの提供などが行われた。さらに、揚げ舟と呼ばれる小舟を各家々では準備して、避難に備えたり、浸水が長引く場合、物資の輸送手段として用いられるなど、平常時あるいは水害時における行動規範は住民間での共同作業を通じて醸成が図られ継承されてきた。この取り決めや約束事は旧来からの住民にとっては地域に住むうえでの「暗黙の了解」であり規範意識や相互扶助の源となっていた。その源泉が水害は「生活の一部」との認識が継承されてきたことにある。

(2) 相互扶助

　河川や水路の規模の大小にかかわらず、身近な場所を流れる水路の水辺では、この水路の環境維持・管理のために清掃活動を怠ることなく住民により行われてきているが、さらに、洪水や浸水の恐れのある河川や水路では、清掃活動に加えて丹念な環境管理活動が日々執り行われてきている。そして、こうした維持・管理活動は、地域住民が「結」など地域社会を築くうえで欠かすことのできない住民組織を構成

することで成立してきた。特に平常時に水の豊かさに恵まれてきた場所では、概ね水田地帯として「こめ処」を形成し、住民生活の面でも共同体的な色彩の強い地域となってきていたが、一方で、水の豊かさは水害被害も受けやすく、こうした集落では住民が組織として水害への対応を図り、日々の水路や水辺の見回りや水害危険度の高まりに合わせた活動などを行うとともに、水害に対する危機意識を共有し、自治会レベルや各世帯レベルでの対応が図られてきた。また、加えて各世帯レベルでは相互扶助や規範意識に則った行動が図られてきた。

4.3　水がもたらす暮らしの中の習慣

（1）地域に根付く伝承

　水害常襲河川の流域に位置する集落や地区では、輪中堤や水塚・水屋を備えることで水の脅威に対する備えとしてきたが、住民生活や地域社会全体においても常日頃の生活行動と水害時の生活行動に対する取り組みや約束事を定めることで、被害の最小化が図られてきた。また、こうした地域の住民生活を見てみると、昔から水害の予兆を知るうえでの言い伝えがあり、岐阜県各務原市川島地区の場合、「川の石が鳴りはじめたら注意」「四刻八刻十二刻」「畳上げよ、ゲタ上げよ」などが伝承されてきていた。「川の石が鳴りはじめたら注意」は、川が増水すると川底の石が激しくぶつかり合い音が発せられるため、その音が聞こえてきたら洪水が起きる可能性が高いと言われてきた。「四刻八刻十二刻」は、雨が降りはじめてから洪水になるまでの時間を表し、揖斐川では四刻（8時間）、長良川では八刻（16時間）、木曾川では十二刻（24時間）でそれぞれ洪水が起こると言われ、これを1つの目安として洪水に対する準備がなされた。「畳上げよ、ゲタ上げよ」は、木曾山の大雨は三日も降雨が続けば洪水、氾濫は必至であるため、水害を覚悟しなければならなかった。そこで、畳や戸に加えゲタのように軽く浮いて流されてしまうものは屋根裏や二階へ上げよという言い伝えができた。こうした言い伝えを住民間で継承することで洪水への備えがなされてきた。

（2）生活に根付く習慣

　日常生活における水害への備えは、上げ舟を軒下に吊るしたり、主屋の軒下や床下に組立式の台座を常備し、水害時に畳や家財道具などを載せて水に浸かることを防いだ。また、欄間の下に「上げ棚」と呼ばれる棚を設け、6月から10月の出水期には日常的に高所にモノを上げるようにし、床に物を置かないよう心がける生活習慣づけがなされてきた。このように、水害に対する危機意識に基づき非常時用具

を準備しつつ、日常生活の中に生活習慣としての気遣いを心がけることで水害被害の負担の軽減に努める生活が営まれていた。こうした習慣は、「私」としての被害軽減が、「公」に負わせる負担を減らすことにもつながるとした、地域に暮らす住民意識の根底に根付く公に対する心配りでもあった。

　一方、水害時の行動は、浸水状況を勘案しながら仏壇を滑車で二階に上げたり、家財道具や建具類を水屋に運び込んだり、あるいは近所の神社や堤防上に物を運んだり、家畜を避難させ、その後、避難生活のための準備として、上げ舟を下ろし、炊き出しや水の汲み置きが行われた。こうした一連の準備行為を岐阜県大垣市十六町では「水かたづけ」と称し、このたかたづけを行うことで、水害後の復旧を早めることにも努めていた。

(3) 地域に伝わる風習

　治水整備の進展により、かつて水害常襲河川の流域では被害は減少してきたが、代わって想定外であった流域や場所で被害が頻発する状況が起きている。そのため、国土交通省は「大規模氾濫に対する減災のための治水対策検討小委員会」を設置し、「水防災意識社会」の再構築を掲げ、水防建築の再考や地域内の自助、共助の重要性を提言するようになった。しかしながら、前述してきたように水防建築が芽生えた水害常襲河川の流域では治水整備により、すでに水防建築はその役割を終えて姿を消したり、変貌を余儀なくされており、そのことは水屋・水塚が創出してきた地域特有の景観を消失することにもつながってきている。一方、住民生活の面でも地区に住むうえでの「約束事」「暗黙の了解」が、今日の若い世代や新規に転入してきた住民にとっては馴染みにくいものとなるなど生活様式の変化や現在の治水整備が、約束事や暗黙の了解を不要なことにするなど状況変化も著しくなっている。

　かつて岐阜県の川島地区では住民間のつながりを深めることに気を配り、「向こう三軒両隣という意識が強かったから、どこか旅行すると、土産を買ってきて隣に配ったりしてましたね。最近はそれもなくなりましたね。いつ誰がどこに行ったとかもわからなくなりました。」「隣保班という集まりがありまして、水害時には率先して動き、これがあることで絆は強かったですね。でも、最近は災害が少なくなってしまったんで名目だけ残ってますね。」とのことです。このように地区内においても生活感覚が大きく異なってきている。今後、住民生活の中から生み出されてきた水防建築や規範意識、相互扶助が築いてきた「生きるための知恵：災害文化」を消えゆくものとしていかに記録保存し継承してゆくかが課題となっている。

4.4 暮らしの中の規律と備え

(1) 水の傍で暮らすための空間的工夫

　水害常襲河川の流域では、前述したように堤防整備等の公助の備えに加え、住民による自助−共助の水害対応と連動するように地域から個人の家屋レベルまでさまざまな空間的工夫がなされている。いずれの工夫も、水害常襲河川の流域に住むことにより生じる負担から芽生えた災害文化が培われ、住民が自ら過去の経験に基づき生み出してきたものである。

　全国の空間的工夫に着目すると、北は岩手県・宮城県を流下する北上川から、南は宮崎県・熊本県を流下する五ヶ瀬川まで、31河川において30種類程度の水防対策が創出されてきている（**図5**）。いずれの空間的工夫にも地域的な呼称がつけられ、一見すると各々まったく異なるようにも見えるが、類似性のある工夫を随所に見て取ることができる。

(2) 規範意識が生み出す地域としての空間的工夫

　「地域（集落）としての空間的工夫」という観点でも、各地域（集落）の立地的特性（水害の被害形態等を含む）や風習、規範意識等により自助や共助、公助としてさまざまな形態が見られる。

　全国各地にある大雨や台風時に浸水が想定される地域では、水害時の流水や湛水に対して「公」と「私」の対策が施されている。地域（集落）全体を堤で囲い込む「公」としての役割を果たす「囲堤」や「輪中」の存在は有名であるが、その内部集落を構成する家屋は住民の所有する「私」としての住宅家屋に、自助の対策とし

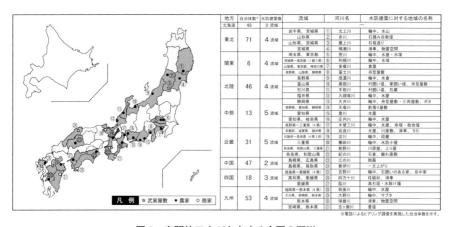

地方	自治体数※	水防建築数	流域		河川名	水防建築に対する地域の名称
北海道	48	0				—
東北	71	4 流域	岩手県、宮城県	①	北上川	輪中、水山
			山形県	②	赤川	石積み自衛堤
			山形県、宮城県	③	最上川	石垣造り
			宮城県	④	鳴瀬川	滑車、物置空間
関東	6	4 流域	埼玉県、東京都	⑤	荒川	輪中、水屋・水塚
			茨城県~東京都（都1都5県）	⑥	利根川	輪中、水塚
			山梨県、東京都、神奈川県	⑦	多摩川	倉屋
			長野県、山梨県、静岡県	⑧	富士川	舟型屋敷
北陸	46	4 流域	長野県	⑨	信濃川	輪中、水倉
			富山県	⑩	黒部川	村囲い堤、家囲い堤、舟型屋敷
			石川県	⑪	手取川	村囲い堤、石蔵
			福井県	⑫	九頭竜川	輪中、水屋
中部	13	5 流域	静岡県	⑬	大井川	輪中、舟型屋敷・三角屋敷、ボタ
			長野県、静岡県	⑭	天竜川	乾張り屋敷
			愛知県	⑮	豊川	水屋
			愛知県、岐阜県	⑯	庄内川	輪中、水屋
			長野県~愛知県（4県）	⑰	木曽三川	輪中、命塚・助命塚
近畿	31	5 流域	京都府、滋賀県、福井県	⑱	由良川	水屋、川座敷、滑車、タカ
			大阪府~奈良県（4府県）	⑲	淀川	輪中、投蔵
			三重県	⑳	櫛田川	輪中、水小屋
			奈良県、和歌山県	㉑	熊野川	川原屋、上り屋
			奈良県、和歌山県	㉒	紀の川	石倉、離れ屋敷
中国	47	2 流域	島根県、広島県	㉓	江の川	助蔵
			島根県、鳥取県	㉔	斐伊川	一文上がり
四国	18	3 流域	徳島県~愛媛県（4県）	㉕	吉野川	輪中、石囲いのある家、田中家
			高知県、愛媛県	㉖	四万十川	柱組材、滑車
			愛媛県	㉗	肱川	高石垣・水除け場
九州	53	4 流域	福岡県~熊本県（4県）	㉘	筑後川	輪中、水屋
			大分県、熊本県、宮崎県	㉙	大野川	輪中、サゲタ
			熊本県	㉚	球磨川	滑車、物置空間
			宮崎県、熊本県	㉛	五ヶ瀬川	書庫

凡 例　◉ 武家屋敷　● 農家　○ 商家

※電話によるヒアリング調査を実施した自治体数を示す。

図5　空間的工夫が存在する全国の河川

て、水屋・水塚として存在する。そのほか、集落内への水の流入を防ぐため、堤の天端に設けられた欄干状の堤防の隙間に堤内地に立地する住宅の家屋内で使用されている畳を応急的にはめ込む「畳堤」があるが、「公」としての欄干状の堤を「私」の所有する畳を用いて水害を防ぐ対策があり、公私の協働により成立する災害対策である。また、生活道路に向かい合う屋敷同士の基壇に溝を掘りこみ、そこに止水板をはめ込む「サブタ」があるが、これも「私」同士の協働により「公」としての道路からの浸水や冠水を防ぐ方策である。さらに、愛媛県・肘川では昔から地主や領主の屋敷や地域にある神社仏閣等の境内には、「公」としての嵩上げされた基壇が設けられ、自助的な浸水対策が難しい困窮層や小作人、使用人としての地域住民などが避難できる場所として利用したり、水に流されるおそれのある家畜を収容するための避難場所「水除場」が設けられるなど「私」が「公」の役割を果たしつつ、地域を構成する「私」を守ってきた。こうした地域では浸水後に地域全体で日常生活に早急に戻るための協働がなされ、水の引きはじめころから順次、その水を使い泥落としなどがなされるとともに空間的工夫が地域（集落）内に見られる。上記のように、「公」として地域全体での空間的工夫のものもあれば、「公」の水防技術に、「私」の自助行動が絡み、実現するもの、「私」の空間的工夫に対して、互いに更なる工夫と共助行動を凝らすことで、集落全体を守る「共」の工夫など、現在のハードとソフトという二元論的に分けて進められる水害対策ではなく、どちらも密接に関係することで、初めて効果を発揮する空間的工夫となっていることがわかる。

　地域住民の住宅としての家屋における空間的工夫について見てみると、単独で施されているものではなく、いずれも地域（集落）としての工夫（共助）が施されつつ、個人レベル（自助）でも対策を講じることで段階的に被害の軽減対策を施している。個人宅における工夫については、水害特性に沿って、空間的な工夫に違いが見られ、大きくは、「湛水対応型」と「流水対応型」に区別される（図6）。「湛水対応型（図7）」は、洪水時に水はけが悪く、長期間の湛水が起きることから、主に浸水に備えて「高さ」確保に基づく建築的工夫を施している。荒川流域や木曾三川流域はじめ全国各地の洪水常襲河川流域に見られる「水屋」は水塚の高さを確保することで水害時の避難場所となっており、ここで数日間から1か月程度は生活ができるように工夫している。この水塚の高さは、同じ河川流域において、上流域と下流域では出水時の水嵩が異なるため高さが各々異なる。また、主屋の軒下には揚げ舟と呼ばれる湛水時に水上を移動できる小舟を逆さに吊るしておくことが地域の習慣となっていた。また、淀川流域においては、「段蔵」と呼ばれる水防建築があ

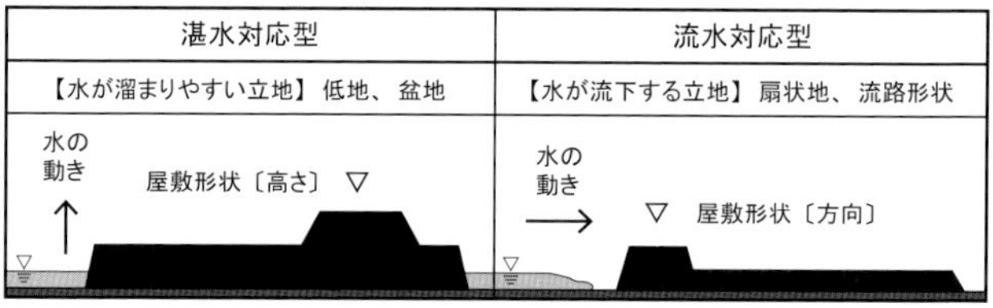

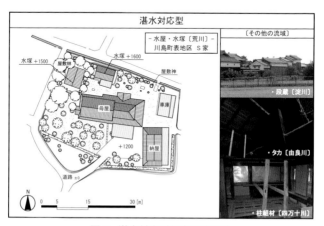

図6　地域の水害特性に対応した空間的工夫

図7　湛水対応型の空間的工夫

るが、蔵の基壇は中に収納するものの重要度により高さが増すように配され、最も高いものは7段の基壇差がある蔵がつくられている。

　一方、「流水対応型（**図8**）」は地形的地質的に、洪水時に長期的に湛水することは少なく、流れ来る水流水勢に対して、「水流方向」に対して工夫を施している。静岡県を流下する大井川流域に存在する「舟形屋敷」では、地理地形的に見ると扇状地で砂礫層のため、流水が想定される川の上流方向に向けて敷地を舟形にし、そこにボタと呼ばれる土手を設けることで流下する水流を受け流す工夫が施されている。集落での調査では、河川に最も近い住居屋敷が洪水時に一番はじめに水流に襲われるため、この屋敷にボタ（盛土）が高くつくられその背後には屋敷林が植えこまれている。そして、その裏手には隣家の屋敷のボタが高く屋敷林があるが、その高さは徐々に低くなるように配されているとのことであった。こうした各々の「私」による対策や対策するうえでの配慮が地域的に集積することで、1つの集落としての「共」としての対策となり、それが地域的景観として表出されているともいえる。

図8　流水対応型の空間的工夫

　また、四国の徳島県などを流下する吉野川は日本三大暴れ川の１つで四国三郎とも呼ばれる水害常襲河川で、破堤すると下流部では湛水が長引く場所でもある。そのため、この流域では、越水しやすい場所からの水流による家屋流出を防ぐための対策が特異で、敷地外に石堤を設けることで水流の直接的な侵入を防ぐ「石囲い」を設ける家があるほか、湛水が次第に水嵩を増したときの最終手段として屋根を切り離し漂流して難を逃れる対策を施した家屋がある。この家屋は現在国の文化財となっている。

　いずれも各地域においては、水害の被災を何度も被ることで、その経験則に基づく水害特性に対して、水防建築を築きあげ水害に対する空間的工夫を施している。また、その工夫は単一的なものではなく、地域—敷地—家屋にまで、複層的に工夫が施されている。

4.5　水がもたらす流域で住むための住まいの形

（1）備えとしての建築の形

　水害常襲河川の流域で特に注目すべきは、建築やその空間が防災の役割を果たしている点にある。前節でも、地域としての空間的工夫や住宅家屋での空間的工夫を概説してきたが、ここでは「家屋」に着目して水害に対する「備え」としての建築のあり方を見てみたい。

　水害常襲河川の流域では、水害時の水位上昇に対して、浸水→水没→流出という被害が想定される。このため、各屋敷内においては、屋敷を構成する敷地やそこに

立つ各種建築物においては、経験則に基づく水害対策が随所に施されてきており、特に主屋の建築を構成する各部位については、洪水や浸水への対応策が段階的に施されている（**図9**）。

① 一次的対応（敷地・基礎レベルでの対応）

　水害時の浸水や水没に備えて、屋敷の基壇を嵩上げし、過去に経験してきた範囲内の浸水高に備えている。

② 二次的対応（床・柱・壁レベルでの対応）

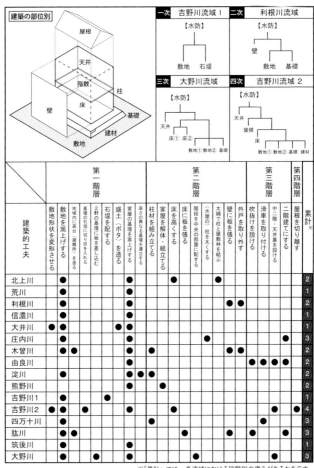

※「累計」では、各流域における段階別の備えがあるかを示す。

図9　水害常襲地帯に見られる階層化された建築的工夫

　木曾川や利根川流域においては、家屋流出を防ぐため、外戸を外し、水流を住居内にあえて流せるような主屋の造りとなっていた。また、北上川流域においても、主屋の周囲に屋敷林を配置し、それら屋敷林と主屋の柱を紐などで結びつけることで、家屋流出を防いでいたとの文献が残っている。つまり、水害時には主屋が浮くということである。そのほか、可動的な建築的対応により、家財などを浸水から防いでいた流域も存在する。これについては次項で紹介したい。

③　三次的対応（階数・天井レベルでの対応）

　主に商屋で見られる建築的対応で、家屋内に吹き抜け空間を設け、滑車を用いて、家財道具等を階上に引き上げる工夫である。また、大野川流域では、床高を高くするとともに、玄関とその横の座敷の天井高を 2m 程度低くし、中二階を設け、避難空間を生み出している。

④　四次的対応（屋根レベルでの対応）

　吉野川流域にある「田中屋（国の重要文化財指定）」では、過去二度の家屋流出の経験に基づき、洪水や浸水により水嵩が増し家屋の水没が免れないとき、合掌造りの主屋の茅葺屋根に避難することで、屋根を家屋から切り離し、漂流（浮く）することで避難救命することが取り入れられてきている。

(2)「動的」な建築的工夫

　前項で示した「外戸を外す」や「屋根を切り離す」など、水害常襲地帯での水害対応を見ると、想定外を前提にして、より柔軟な動的な建築的工夫を施すことで積極的な避難救命対応がなされてきていたことがわかる。

　奈良県などを流下する熊野川流域には、「川原家」と呼ばれ組立解体の可能な小屋がある。この川原家は、熊野川流域において舟運業が発達し、それに伴い川原（河川敷）上に船頭が休憩をとる休憩所や舟運で運ばれてきた物品を販売するための家屋として構えられるようになった。ただ、熊野川は増水や氾濫が起きるため、この水害対策として「川原家」には、流水時に解体撤去できる仕組みが施され、水が引くと再び組立てることが可能な動的な建築的工夫が盛り込まれていた。

　また、北上川流域においては、洪水や浸水が予想されると事前に主屋の四隅に植えられた屋敷林に主屋を縛り、湛水時に住居が浮き上がり解体したり流出しないよう丈夫な基礎周りにすることで、洪水終了後のまだ湛水状態のときに、元の位置に家屋を引いてくることができる工夫が施されており、水害常襲河川の流域における建築的な対応措置の創意工夫でもある。

(3) 復旧への対応

　水害への対応措置については、建築的・地域的な創意工夫は各地において多々見ることができ、さらに、そこに住む地域住民が日々の暮らしの中で地域としての水害対策や対応についても生活習慣や伝承などによって継承することで減災に努めており、単にモノに依存したものではないことがわかった。特に、常に水害被害を受けてきた地域では「水害は生活の一部」といった考え方が生活内に反映されることで、被害を食い止めるのではなく、いかに耐え忍ぶか、被害を軽減し減災化を図ることが念頭にあり、平常な生活を早く取り戻す手立てが、織り込まれることで、「災い」よりも「恩恵」を尊重し、それを支える相互扶助や規範意識に基づく住民行動がなされてきていた。

　旧来の水害形態は現在の急激なゲリラ豪雨と異なり、住民自ら、水害の兆候を読み取りながら、対策ができた点は異なる。ただ、洪水を伴う豪雨が発生すると各住居内では家人に役割があり、家畜を逃がす・家財を移動させる、浸水時に水がこれ以上増えないとわかると、水があるうちに家屋の壁等についた泥を流すなど、避難場所も水屋・水塚のように、敷地内という身近に設けることで、浸水時の水の動きを見ながら、上手に対応を図っていたことがわかる。そのため、水害常襲地帯における建築は水害時の住民行動を支えるための工夫が施されており、人と建築が一体的になっていたことがうかがえる。

　水網集落や水害常襲河川の流域においては、水（水利用・水害対応）に規律された暮らしの下、各個人の中で、自身だけでなく、集落全体や流域全体が同じ恩恵やリスクを背負っているという"共同体"としての規範意識が、特に強く醸成されてきたことがうかがえる。その結果、地域社会としての結束力を高めてきたと言える。このことから示唆されるのは、地域（共・公）としての暮らし（生活環境）の一体性を「私」の中でどう醸成していくかが非常に重要であり、「私」の集合体により、それら全体としての地域社会としての「公」が形成されてくるものと言える。

《参考・引用文献》
 1）梯　滋郎・中村晋一郎・沖　大幹・沖　一雄：日本の水害常襲地の分布とその特性，土木学会論文集 B1（河川工学），第 70 巻 第 4 号，pp.1489-1499，2014
 2）国土交通省河川局 HP「河川伝統技術データベース」（全国 775 河川に見る河川伝統技術が収録され、水防に関するデータは 28 件掲載されている）

3）播磨　一・畔柳昭雄：洪水常襲地帯に立地する集落と建築の空間構成及び水防活動に関する調査研究 —利根川流域と揖斐川流域に立地する集落の比較，日本建築学会計画系論文集，第 569 号，pp.101-108，2003

4）青木秀史・畔柳昭雄：荒川流域における水屋・水塚を備えた屋敷の立地状況とその空間変容に関する研究，日本建築学会計画系論文集，第 80 巻 第 710 号，pp.851-861，2015

5）青木秀史・畔柳昭雄：水害常襲地域における地域・建築と住民生活に関する研究，日本建築学会計画系論文集，第 80 巻 第 717 号，pp.2569-2576，2015

6）横田憲寛・青木秀史・畔柳昭雄：水害常襲地域における建築的減災対策に見る地域特性に関する研究，日本建築学会計画系論文集，第 81 巻 第 727 号，pp.1929-1937，2016

7）飯塚智哉・横田憲寛・青木秀史・畔柳昭雄：洪水常襲地域における水防事業と洪水が住環境に与える影響に関する研究，日本建築学会計画系論文集，第 81 巻 第 730 号，pp.2683-2691，2016

第5章 歴史継承論 ―持続可能な水辺の景観まちづくりに向けて―

市川尚紀

5.1 都市（公）は個（私）の集合体

　近年、伝統的なまち並みや建築物の保存活用に向けたさまざまな取り組みが行われており、その知名度が高まると、自治体にとっては重要な観光資源にもなる。このような歴史的に価値のある建物や建物群を文化財などに指定して保存する動きは、近年になって始められたことではなく、建物単体の保存制度としては「有形文化財」（1950、文化財保護法）、歴史的な建物が集合した景観を保存する制度としては「美観地区」（1933、都市計画法）などが古くから制定されている。ところが、2000年代以降になって、複数の省庁から伝統的なまち並みを保存する新たな制度が次々とつくられるようになった。これはいったいなぜなのだろうか。藍場川沿いの旧湯川家（**写真1**）のように自治体に寄贈された武家屋敷などの建造物（公）の保存であれば、かつての制度のみでも対応可能であるが、一般市民が所有あるいは現在も居住している建物（私）に関しては、単に建物の意匠に制限を課せばよいというわけにはいかない。それが集合体になれば、さらに複雑な問題となる。仮に、まち並みを保存するという住民の合意形成ができたとしても、器としての建築物の意匠だけを保存しただけでは、テーマパークになってしまう。

　このように将来にわたって残していきたい伝統的景観の各地の事例を見ていくと、その多くは、上下水道が整備されていない時代に都市として栄えた歴史を持ち、近くの河川などから巧みな技術で水を取り込み、水運としての運河や、生活用、防火

写真1　山口県萩市藍場川沿いの旧湯川家（市指定史跡）のハトバ[*1]

用、灌漑用などの用水路として利用している集落や城下町が多いことに気づく。それらの水路は集落内を張り巡らされながら、公共の水路空間であったり、近隣住民で利用管理する共有の水路空間であったり、時には個人で利用するための私的な水利空間になったりと、その存在が七変化することが特徴的である。さらに、水路はまち並みの重要な景観要素となっていることが多いのだが、上下水道が整備された今日、かつての水路の役割は終えていることが多いため、住民の生活における水との関わり方には、事例ごとにさまざまな事情を抱えているようである。そこでこの章では、国のまち並み保存制度を時系列に参照しながら、これまでのさまざまな自治体や住民による保存継承の試行錯誤を顧みることで、持続可能な伝統的な水辺の景観まちづくりを行っていくうえでの有用な示唆を得たいと思う。

5.2 "のこす"

(1) 条例による歴史的景観の保存

先にも述べたように、建物単体の保存制度としては「有形文化財[*2]」があるが、景観となると個人所有の建物などが多く含まれ、文化財制度のみではまち並みの保存は難しい。そのため、高度成長期には無秩序な開発によって多くの美しい水辺景観が破壊されてきたが、景観を大切にする市民の意識が高まってきたこともあり、歴史的な美しい景観を保存・再生するために、多くの自治体では景観に関する自主条例を設けた。最初の景観条例は、金沢市の「伝統環境保存条例」(1968)と倉敷市の「伝統美観保存条例」(1968)である。翌年、倉敷市は「倉敷川畔特別美観地区」を指定し、以降「美観地区[*3]」の呼称が使われはじめた(**写真2**)。倉敷川は、急激な都市化の進展によ

写真2　岡山県倉敷市美観地区

り汚濁が進んだ時期があったが、早い時期からまち並み保存に対する市民・住民の意識が芽生えていたことが条例制定への大きな原動力となった。そして、白いなまこ壁の土蔵と柳並木によって江戸時代の情緒を残しながら美しい水辺景観が残された。このまち並み保存地区は通称「倉敷美観地区」と呼ばれている。「美観地区」とは、1933年

写真3　岡山県倉敷市の美観地区内外の景観

に制定された都市計画法の1つの制度であり、この制度は2004年に廃止され、現在は「景観地区」（景観法*4）となっているが、長く「美観地区」と称されてきた背景もあり、今でも「美観地区」という愛称が使われている。

　しかし、このような方法によるまち並み保存の問題が発生する。1つは、強力な意匠の規制と、それによる観光客の誘致がもたらす弊害として、建物内部はお土産物屋に化したことだ。それにより、かつての住民の暮らしの風景は消え、そこで培われた技術や文化は見せ物（展示物）となってしまったのである。もう1つは、保存地区の境界がはっきりと線引きされていることだ（**写真3**）。保存地区全体を公共の財産として厳しくコントロールし、それによる観光地化により経済的には潤い、綺麗に化粧直しされた建物を見ることはできるようになったのだが、そこで見られるのは、観光客や修学旅行生が、お土産を買い、飲食し、記念写真を撮るといった光景だけである。これではテーマパークと同じである。

（2）暮らしながらまち並み保存

　建物内外の隅々まで元来の姿を残さなければいけない文化財のような制度では、とても現代の暮らしは営めないため、もともと個人の屋敷や民家であっても、自治体に寄贈され展示空間になってしまうことが多い。また、建物にあまりに厳しい意匠制限をされる制度の場合、観光地化させないと所有者が経済的に建物を維持できないため、やはり住民の暮らしや文化が犠牲になってしまうという反省を踏まえて、「伝統的建造物群」（1975、文化財保護法）が制定された。中でも価値のあるものを「重要伝統的建造物群*5」とし、外観の意匠の制限はあるものの、地区内全ての建物を直ちに修復する必要はなく、また規制は外部から見える範囲のみで、遵守

した修復を行うための工事費を国と自治体が補助する仕組みがある。それにより、全国各地の伝統的なまち並みが選定されるようになり、2021年8月時点での選定された保存地区は126件に上る。その一例として、広島県竹原市の町並み保存地区や京都府伊根町の舟屋群が挙げられる（**写真4、5**）。

写真4　広島県たけはら町並み保存地区

写真5　京都府伊根町の舟屋

5.3 "つくる""いかす"

(1) 水辺への景観法の活用

　前述のように、「重要伝統的建造物群」制度によって、多くの歴史のあるまち並みが住民の暮らしとともに生きた状態で保存されるようになったが、そもそも保存に値する歴史や伝統のある建物がない地域では、美しいまち並みを形成できないのだろうか。新たに景観を形成する方法としては、古くから自治体が制定する自主条例がある。景観条例を制定する自治体は1980年代に急増したが、2004年までは法律の委任に基づかない自主条例だったため強制力がなく実効性が伴っていなかった。しかし、2004年6月に新法である「景観法」が制定され、建物の高さや形態・色彩までを規制できるようになり、法的拘束力のある景観まちづくりが可能になった。なお、景観法と同時に公布された景観法の施行に伴う関係法律の整備等に関す

る法律、都市緑地保全法等の
一部を改正する法律と合わせ
て景観緑三法と呼ばれている。
かつては 都市計画法の「美
観地区」という規定があった
が、景観法の制定により、こ
れが廃止され「景観地区」(景
観法) が新設された。従来の
「美観地区」は、歴史的な建
造物などがある既成市街地の
美観を維持することが目的な
のに対し、「景観地区」では、
新たに良好な景観をつくりだ
そうとする地区にも適用で

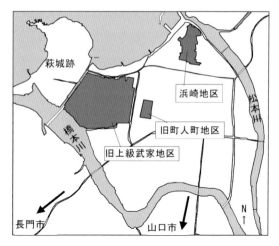

図1　山口県萩市まちじゅう博物館

きるのが特徴である。歴史的な建造物がない場合、地区住民が共有できる景観価値
として「水」や「緑」の存在を活用してもよい。例えば、東京都江戸川区では親水
公園沿線に「景観地区」を制定し、水辺の景観まちづくりを試みている。

　この景観法であるが、重要伝統的建造物群制度や史跡制度と上手に組み合わせて
活用することも考えられる、山口県萩市では「まちじゅう博物館」と称して、市全
域に「景観計画」を策定し、点在する世界遺産地区や重要伝統的建造物群地区など
の間の地域にも緩やかな規制をかけて、地区内外で急激な景観の変化が起きないよ
うにし、観光していてもいつの間にか保存地区から抜け出ていた、というような違
和感のない面的な景観まちづくりを実現している (**図1**、**写真6**)。

写真6　旧町人町地区 (世界遺産)(左)、浜崎地区 (重伝建)(中)、旧上級武家地区 (重伝建)(右)

(2) ハードだけでなく文化や技術も継承

近年では、伝統的な建築物だけでなく、住民の暮らしや長い年月をかけて培われてきた技術、生産物などの文化を後世に継承していくことが重要であると認識されるようになり、2004年に「文化的景観」（文化財保護法）が制定され、そのうち重要な景観を「重要文化的景観*6」とし、2021年時点で70件が選定されている。その多くが水辺の景観であり、人と水との関わりが色濃く残るまちでは、建物の意匠よりも文化的側面が特徴づけられている。

写真7　滋賀県近江八幡の八幡堀

全国で初めて「重要文化的景観」に選定されたのは「近江八幡の水郷」（2006）である。近江八幡の水郷は景観法の「景観計画区域」（2005）にも全国で初めて指定されている。近江八幡市は、古くから琵琶湖の東西交通を支えた拠点の1つ

写真8　滋賀県東近江市伊庭町の水辺景観

として栄え、西の湖から琵琶湖に至る八幡堀（**写真7**）が開削され、商業都市として発展したまちである。さらに、ヨシ産業などの生業や内湖と共生する地域住民の生活と深く結びついて発展した歴史を持つ。しかし、現在の近江八幡はすっかり観光地化したためか、近年では、琵琶湖湖東に位置する東近江市の伊庭集落（2018）（**写真8**）や湖西の高島市の針江集落（2010）のように、観光地化させない集落にも関心が集まるようになった[1]。伊庭集落の特徴は、用水路の水を敷地内に引き込んで、洗い物や消火用、融雪用に使うために設けられた「カワト*7」と呼ばれる水利施設で、針江集落の特徴は、屋内や屋外に自ら地表に地下水が噴出する「自噴井（じふんせい）*8」があり、飲用や洗い物や観賞用

写真9　滋賀県高島市針江集落のカバタ

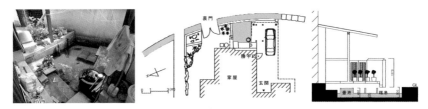

図2　滋賀県高島市上小川集落のカバタ

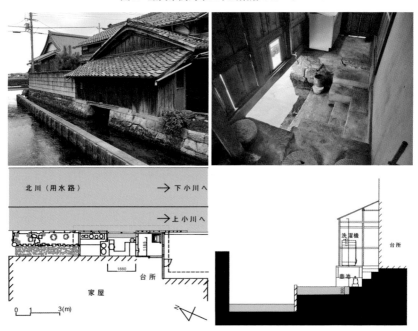

図3　滋賀県高島市上小川集落のカバタ・カワト併用型水利施設

などに使うために設けられた「カバタ*⁹」と呼ばれる水利施設である（**写真9**）。
なお、「重要文化的景観」に選定はされていないが、この近くに、「カバタ」と「カ
ワト」を併用した独特な水利施設を集落内の各世帯に持つ上小川集落がある（**図2、
3**）。この集落は、針江集落同様に「重要文化的景観」に選定される資質は持ち合わ
せているものの、先に針江集落がこの制度によって観光地化しそうになったことも
あり、特別な保存制度は適用せずに、あまり知られずにひっそりと存在している。
しかし上小川集落では、用水と自噴井が混在し、豊富な水量の用水と現役で使われ
ている自噴井が多く点在して点で極めて希少な事例であり、この集落が今後どのよ
うに水文化を継承いくのかを注視したい。

(3) 情報発信も支援

　2004年の「景観法」（国土交通省）や「文化的景観」（文部科学省）の制定をきっ
かけに、2008年には国土交通省と文化庁、農林水産省が連携した「歴史まちづく
り法*¹⁰」が制定され、縦割り行政を横断的に連携しながらまちづくりを実行する
ことができるようになった。その後、2015年には文化庁によって「日本遺産*¹¹」
といった制度が設けられ、歴史的建築物の保存だけでなく、その街を構成する水路
や河川などの自然物、住民の暮らしの知恵や技術までも含めて保存・活用・継承し
ていく動きが盛んになってきた。「日本遺産」に選定されると、その景観保存のた
めの維持費だけでなく、まちづくりを活性化させるためにシンポジウムなどの情報
発信の補助を受けることが可能になる。「日本遺産」の事例として、広島県福山市
鞆の浦（2018）が挙げられる（**写真10**）。鞆の浦は、1975年の重要伝統的建造物
群制度の制定後に最初の選定候補にも挙げられたにもかかわらず、埋め立て架橋問
題が発生したため、2017年の重要伝統的建造物群選定までの約40年間は、まち

写真10　広島県福山市鞆の浦

並み保存制度などは利用してこなかった。このまちは、江戸時代に朝鮮通信使が
「日東第一景勝」（＝朝鮮より東で最も美しい景勝地）と称えた歴史があり、1925
年に名勝指定、1934年には日本で最初の国立公園指定、また、「潮待ちの港」とし
て江戸時代に造られた「常夜灯」「雁木」「焚場」「船番所跡」「波止」の5つの湾岸
施設が残る国内唯一の港町である。さらに、坂本龍馬ゆかりの地や、映画「崖の上
のポニョ」の舞台になるなど、その知名度は高く、すでに伝統的なまち並みが完成
されていると思われているが、埋め立て架橋問題が決着した今、ようやく鞆の浦の
景観まちづくりが始まったという見方もある[2]。

　このように、2000年代に入ってから急速に伝統的まち並み景観に関する保存・
活用の動きが盛んになり、「文化的景観」や「歴史まちづくり法」、「日本遺産」など、
これまでのように景観を残すだけの時代は終わり、そのまちの歴史的背景や文化的
特徴を捉え、上手に活用しながら、観光政策や住民の暮らし、伝統技術の継承など
を両立するための方策を検討する段階にきていることがわかる。

5.4　国の法制度に頼らないまちづくり

　これまでのように伝統的な景観を保存する制度が制定・運用されると、その情報
がさまざまなメディアを通して全国の関心のある人々に周知される。そして観光地
化が進むと、一般市民にも認知され、その自治体のシンボル的な存在になっていく
ことが多い。しかし、国の制度を利用せずに、独自に水辺の景観まちづくりを成し
遂げた事例もある。各地の水辺の景観まちづくり事例を調べていくと、これらの事
例では、そもそも外部の人たちに知ってもらうことを目的としてなく、住んでいる
自分たちのために綺麗な景観を保とうとしており、本来の景観まちづくりとは何か
を考えさせられることがある。

　ここでは、全国的に伝統的なまち並み保存制度が次々とつくられるなか、どの制
度の選定リストにも載っていない、地域の行政と住民による自治組織などが試行錯
誤のうえで遂行されてきた水辺の景観まちづくりの好例として、山形県金山町と滋
賀県高月町雨森地区、岐阜県郡上八幡、広島県宮島紅葉谷川を紹介したい。

(1) 山形県金山町 [3]

　かつて羽州街道の宿場町として栄えてきたが、鉄道が金山町を迂回して開通され
てから、人が流出して町が寂れはじめた。その後昭和時代になり、当時の町長がド
イツなどの景観を視察し感銘を受けたことや、全町美化運動が提唱されたことがきっ
かけで、金山町のまちづくり・ひとづくりの試行錯誤が始まり、今では、特産品の

金山杉を使った「金山型住宅」
（**写真 11**）が多く建てられ、美
しい水のある景観まちづくりが
成し遂げられている。このまち
の水路網（**図 4、5**）は「堰*12」
と「入水（いりみず）*13」で構
成され、現在も流雪用や消火用
に使われているため、そのほと
んどが開渠となっており、下流
の水質を汚さないという水上の

写真 11　金山型住宅

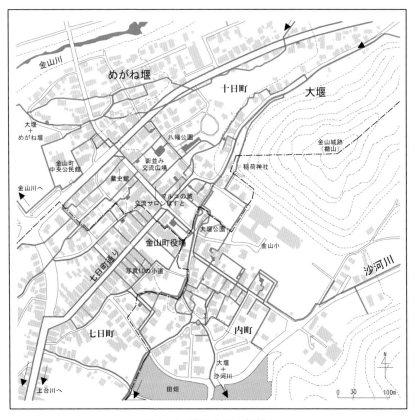

図 4　山形県金山町の水路網

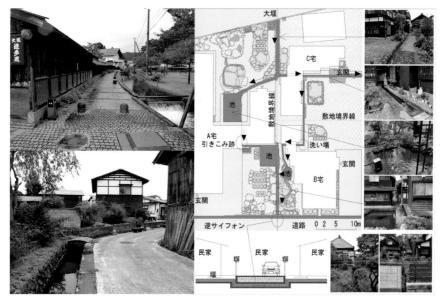

図5　金山町の大堰、金山町のめがね堰、金山町の入水（いりみず）

　町としての住民の責任意識も健在である。この景観まちづくりの特徴は、当初から景観づくりだけでなく「金山型住宅」というアイデアでひとづくりを行なうという発想や、町役場職員や若手住民の意識向上を図ってきたこと、50年間という長い歳月をかけてきた強い意志が成し遂げた点にあるといえる。その証として、都市景観大賞（1995）、日本建築学会賞（2002）、土木学会デザイン賞最優秀賞（2007）などの表彰を多数受けている。

（2）滋賀県高月町雨森地区

　雨森地区は、世帯数が約120世帯、人口が約400人の小さな地区である。戦国時代の水田開発に近くの高時川に井堰が設置されて農業政策が始まり、地区内に水路が敷かれ、江戸時代にはほぼ現在の水路が完成した。その後、水道が普及すると水路利用に変化が起き、水質が汚濁し水路のコンクリート蓋掛け化が検討されたが、当時、雨森地区在住のある町役場職員は水路を暗渠化させないことを決断し、その後、住民主体としてまちづくりが始まった。具体的には、まず自分のまちを知ってもらうために、町役場職員がリーダーシップをとり、手書きの広報紙を毎週発行し、スポーツ大会の企画や水車の設置、用水路への錦鯉の放流などを行った（**写真12**）。今でも、毎月1回、住民たちで水路の掃除を行っているという。自分のまちの魅

写真12 滋賀県長浜市高月町雨森地区の用水路

力を知ってもらう活動の成果として、県わがまちを美しく金賞（1983）、建設省手づくり郷土大賞（1986）、農村アメニティコンクール優秀賞（1986）、ふるさとづくり奨励賞（1987）、リバーフロント「人と自然に優しい川づくり大賞」（1992）などの表彰を多数受けている。

(3) 岐阜県郡上八幡 [4]

　三方を山に囲まれた郡上八幡には、まち中を吉田川や小駄良川が流れ、年間降水量 2,689 mm という豊かな水源を生かした水舟やカワド等の多くの水利施設がある。1985 年には宗祇水（**写真 13**）が名水百選第一号に選定され、2012 年には北町が要伝統的建造物群保存地区に選定された。

　水系は、初音谷水系、小駄良川水系、吉田川水系、乙姫川水系、尾崎・向山地区の 5 つの水系があり、各水系で設置されている水利施設は異なる（**図 6**）。水利施設には、「セギ板 [*14]」や「カワド・洗い場 [*15]」「エイイ箱 [*16]」「水舟 [*17]」などがある（**写真 14**）。かつて綺麗な水路を保つた

写真 13 郡上八幡の宗祇水

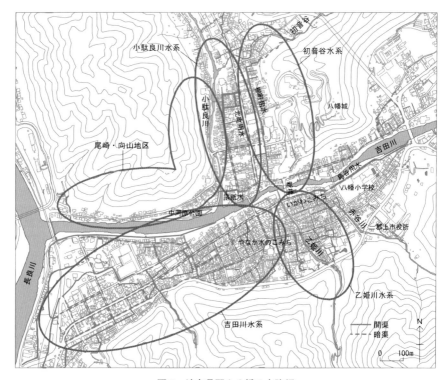

図6　岐阜県郡上八幡の水路網

めに、洗うものの順番や時間などの決まりがあったが、上水道が整備された現在で
も、綺麗な水路を保つという意識は変わっておらず、共有の水利施設ごとに掃除当
番などが決められている。

　郡上八幡の水利施設で特徴的なのは「水舟」である。山水等の湧水を民家脇に引
水し、はじめのきれいな水を飲用水に、次に野菜を洗うゆすぎ水、その次に食器の
洗い水に使用し、「水舟」の下に設けられた池の川魚が食器に付着した残飯を餌と
し、最後に川に戻す施設である。段階的かつ多目的な水利システムは、郡上八幡の
市街地全体でみられ、町そのものが「水舟」の原理を生かした構造となっている。

　まちづくりの取り組みにも特徴がみられる。1989年からの柳町、北町用水の水
路改修に伴って、柳町・職人町・鍛冶屋町で町並み保存会が設立され、各保存会に
独自の建物審査委員会や建築基準が設けられ、住民主体のまちづくりが進められる
ようになった。1991年には、町並み保存会の活動を助成するため、大規模建築を

写真 14　郡上八幡のカワド（左）・洗い場（中）・水舟（右）

対象とした景観条例が策定され、のちに町民全員の同意が必要な郡上八幡独自の自主協定である「まちなみづくり町民協定*18」が締結された。この活動は、建蔽率緩和やまちづくり交付金事業をきっかけに市街地全体に広がり、現在では 37 町内で協定が締結され、住民団体主体のまちづくりが行われている。2004 年の市町村合併で行政規模が拡大したことにより、重要伝統的建造物群や歴史まちづくり法などの文化財制度が導入されたが、それは、これまでの住民主体のまちづくりを行政が支援するものであり、郡上八幡は自ら水のまちとしての価値を認識し、独自に取り組んできた結果、水文化の継承につながっている事例である。

(4) 広島県宮島紅葉谷川 5)

　世界遺産・宮島の厳島神社の背後に流れる紅葉谷川下流部には、宮島の中でも最も古い老舗旅館「岩惣」が建っている。その庭園と紅葉谷川の護岸をみると、あたかも同一敷地内の日本庭園のように一体的な修景がなされている。これは「庭園砂防*19」と呼ばれるものである（図7）。このような砂防工事が行われた経緯を調べると次のような事実がわかった。

　岩惣旅館の創業者は岩国惣兵衛（1855 年）であるが、岩惣が創業する以前から、紅葉谷川では、座敷を架けてお茶を楽しむなどの納涼の習慣があった。当時は老舗旅館の対

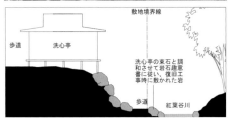

図7　岩惣離れ「洗心亭」と紅葉谷川庭園砂防

87

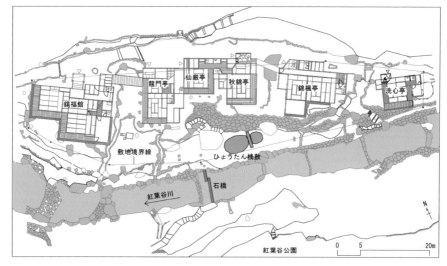

図8　老舗旅館「岩惣」離れ配置図

岸にもお茶屋があり、競うように
紅葉谷川に橋を架けるようになっ
たという。岩惣は明治時代に旅館
を始めるようになり、大正時代の
ころに離れ（**図8**）が建てられ、
そのころ、河川の水面に「川座
敷」が作られた。しかし、1945
年の枕崎台風によって土砂災害が
発生し、「川座敷」は全て流され
てしまった。ところが、1948 年
に史跡名勝地に相応しい復旧工事
が計画され、

写真15　ひょうたん桟敷

「岩石公園築造趣意書」（**表1**）をもとに、庭師が砂防工事を担うという異例の取り
組みにより、1950 年に紅葉谷川護岸は美しい「庭園砂防」として生まれ変わった。
図7の「洗心亭」は、復興の間に建てられたため、建物は京都から招いた数寄屋
建築の大工が、庭と護岸は庭師によって一体的に建てられたように修景された。な
お、流された「川座敷」は、この時期には河川法や砂防法の法規制をクリアできず、

表1　岩石公園築造趣意書

1	巨石、大小の石材は絶対に傷つけず、又割らない。野面石のまま使用する。
2	樹木は割らない。
3	コンクリートの面は眼にふれないように野面石で包む。
4	石材は、他地方より運び入れない。現地にあるものを使用する。
5	庭園師に仕事をしてもらう。いわゆる石屋さんものみや金槌は使用しない。

作り直すことができなかった。その後、1999年に老舗旅館周辺の護岸を「庭園砂防」として自然保護に尽くした先人たちの偉業と、川座敷のことを末代まで語り継ぐために「ひょうたん桟敷」が設置された（**写真15**）。現在は、定期的にお茶会や石橋を利用した演奏会などが行われている。

　このように、紅葉谷川は「庭園砂防」という極めて稀な砂防工事が行われていただけでなく、江戸時代から川に座敷を架けてお茶を楽しむ納涼の習慣があり、歴史的、伝統的にも価値のある場所となっている。

5.5 持続可能な水辺の景観まちづくりに向けて

　この章では、伝統的なまち並みを保存継承していく動きについて、まずは国の制度（**図9、表2**）を利用した事例について、その経緯を時代整理しながら顧みた後、国の制度を利用せずに独自の取り組みによって水辺の景観まちづくりを成し遂げた事例を紹介した。

　箱モノとしての建築物を、その外観だけの保存（のこす）では、観光地化によって収入が得られたとしても、それまで長い時間をかけて培われてきた技術や文化が失われてしまうことから、近年では、見た目の意匠の背後にある文化にも焦点を当てた保存継承の動き（いかす）がみられるようになってきたことがわかる。このような保存継承の対象となる文化が色濃く残る事例の多くは、上下水道が整備されていない時代に都市として栄えた歴史を持ち、近くの河川などから巧みな技術で水を取り込み、水運としての運河や、生活用、防火用、灌漑用などの用水路として利用している集落や城下町が多い。それらの水路は集落内を張り巡らされながら、公共の水路空間であったり、近隣住民で利用管理する共有の水路空間であったり、時には個人で利用するための私的な水利空間になったりするため、住民全員の価値共有

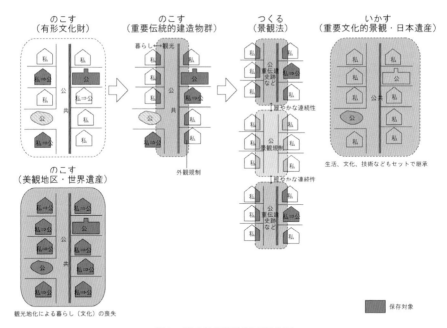

図 9　国の景観保存制度概念図

　が大前提であって、国の制度を利用するだけで継承していくことは難しいことがわ
かる。特に、上下水道が整備された今日、かつての水路の役割は終えたため、住民
の生活における水との関わり方に変化が生じるのは必然的なことで、新たな水路の
価値や活用方法を見出すなどの工夫も求められる。また、景観法などの新しい制度
を利用して、歴史のないまち並みにも新たな価値を「つくる」ことも可能になり、
点在する歴史的なまち並みを緩やかに連続させる工夫もみられた。

　後半に紹介した国の制度に頼らない事例は、いずれも独自に考えながら成し遂げ
られた事例であり、それが今でも他の模範となる好例であるということは、どのよ
うな制度をつくるか、利用するかということではなく、各々のまちの住民や行政職
員らが、自らのまちの価値とは何かを再認識し、知恵を出し合って持続可能な水辺
の景観まちづくりの方策を考え、単に「のこす」だけでなく、新たなまちの価値を
「つくり」、それを「いかす」計画を行っていくことが重要であると思われる。

表2　水辺のまちづくり関連法制度年表

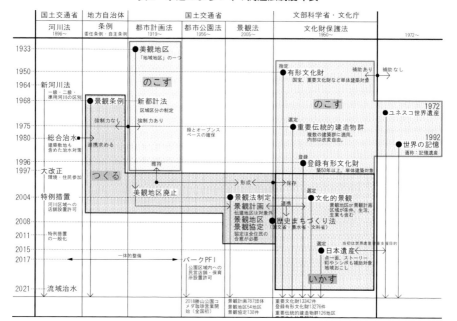

補注

＊1　ハトバ：萩市藍場川の水を使うために、民家の水路側に設けられた水利施設。
　　　竹柵などで仕切られた屋内に藍場川の水を取り込み食器洗いなどに利用する。

＊2　有形文化財：文化財保護法第2条で定められた、歴史上価値の高いものを
　　　保護する制度で、国宝、重要文化財、登録有形文化財などに区別される。

＊3　美観地区：まちの美観を維持するために都市計画法第9条で定められた地区。
　　　建築物の配置や構造、色彩などの制限がなされる。2004年の景観法制定に
　　　伴い美観地区は景観地区に代えられ廃止された。

＊4　景観法：日本の都市、農山漁村等における良好な景観の保全・形成を促進す
　　　る、日本初の景観に関する総合的な法律。この景観法自体が直接景観を規制
　　　するのではなく、地方自治体が制定する「景観計画」「景観条例」「景観地区」
　　　「景観協定」などに、実効性・法的強制力を持たせようとするもの。

＊5　重要伝統的建造物群：文化財保護法第143条で定められた、価値のある歴
　　　史的景観を形成している伝統的な建造物群を保存するための制度で、住民が
　　　暮らしながら保存することができる。建物外観の変更には制限があるが、内

部の改装は比較的自由にできる。このうち、特に価値の高いものは重要伝統的建造物群保存地区として選定される。

＊6　文化的景観：地域における人々の生活または生業および当該地域の風土により形成された景観地（文化財保護法第 2 条）。このうち、特に重要なものが重要文化的景観として選定される。

＊7　カワト：滋賀県琵琶湖周辺の水郷集落において、用水路の水を敷地内に引き込んで、洗い物や消火用、融雪用に使うために設けられた水利施設。川戸。

＊8　自噴井（じふんせい）：取水対象の地下水が人為的な動力によらず、自ら地表（孔口）に噴出する井戸のことである。この工法は「こんばり工法」と呼ばれ、直径約 12 cm の穴をあけ、3～5 人がロープを引っ張り、ほかの 2 人が支えながら「かぶら落とし」という技法で鉄管を打ち込んでいく。

＊9　カバタ：滋賀県琵琶湖周辺の水郷集落において、屋内や屋外に自噴井を掘り、そこから湧き出る地下水を飲用や洗い物や観賞用などに使うために設けられた水利施設。

＊10　歴史まちづくり法：「地域における歴史的風致の維持及び向上に関する法律」の通称。神社、仏閣、町家、武家屋敷などの歴史上価値の高い建物があり、地域の伝統を継承した人々の生活を後世に継承するために、国土交通省、文化庁、農林水産省が連携して事業に取り組むための制度。

＊11　日本遺産：地域の歴史的魅力をストーリー化し、それを語るうえで欠かせない有形や無形の文化財群を、面的に整備・活用・情報発信することによって地域の活性化を図ることを目的として、文化庁が認定する制度。既存の文化財に新たな規制をかけるものではなく、地域住民のアイデンティティの再認識や地域のブランド化などにも貢献しようとしている。

＊12　堰（せき）：山形県において、用水などのために張り巡らされた水路網の幹線のことを堰と呼ぶ。

＊13　入水（いりみず）：山形県において、堰から取水して住宅敷地内または家屋内へ水を取り込み、生活用水として利用する水利施設を入水と呼ぶ。

＊14　セギ板：用水路に溝を掘り、そこに板をはめ込んで水位を上げて洗い物などに利用するもの。

＊15　カワド、洗い場：岐阜県郡上八幡において洗い物などに使うために足場を設けた水利施設。川にあるものをカワド、用水路にあるものを洗い場と呼ぶ。

＊16　エイ箱：用水の水を民家側に引き込んでコイなどを飼育する軒下の水槽。

＊17 水舟：2〜3 段に分かれた階段状のコンクリート製の水槽で、上から綺麗な
水質を必要とする用途に利用するものを「水舟」、それに屋根がかかるもの
を「水屋」と呼ぶ。

＊18 まちなみづくり町民協定：岐阜県郡上市八幡町において、建物の修景等を目
的に独自に定められた協定。内容は、「建物高さ」「壁面位置」「意匠」「色彩」
「看板」「設備機器」に関するルールがある。

＊19 庭園砂防：枕崎台風により厳島神社背後を流れる紅葉谷川で土石流災害が発
生し、その復旧工事の際につくられた用語で、砂防工事に日本庭園の美しさ
を併せ持たそうとして庭師に施工させたもの。岩石を傷つけず、樹木も伐採
せず、人工的なものが目に触れない工夫がなされた。

《参考・引用文献》

1) 大谷瑛史・市川尚紀・武田竜治・菅原　遼：滋賀県琵琶湖周辺に点在する水郷集落の空
間構成と水利用形態に関する調査研究 —高島市上小川集落を中心として，近畿大学工学
部研究報告，第 55 号，pp.7-13，2022

2) 多原はな・市川尚紀：港町鞆の浦における歴史的景観の保存経緯に関する研究，日本建
築学会中国支部研究報告集，第 43 巻 第 434 号，pp.429-432，2020

3) 市川尚紀・岡村幸二・菅原　遼：山形県最上郡金山町における水路のある景観まちづ
くりの成立要因に関する研究，日本建築学会技術報告集，第 28 巻 第 70 号，pp.1408-
1413，2022

4) 市川尚紀：岐阜県郡上八幡の水路網と景観まちづくりに関する研究，日本建築学会中国
支部研究報告集，第 46 巻 第 433 号，pp.423-426，2023

5) 市川尚紀：宮島・紅葉谷川の庭園砂防と老舗旅館の一体的整備に関する研究，日本建築
学会中国支部研究報告集，第 40 巻 第 439 号，pp.503-506，2017

第6章　環境・防災論 —快適で安全な都市空間づくりに向けて—

田中貴宏

　都市における水と緑の空間は、市街地空間と自然環境とのインターフェースとして存在しており、都市で生活する人々に、快適な環境とともに、コミュニケーションの場、屋外活動の場、リフレッシュの場などを提供しており、これらにより人々は、楽しさや安らぎなどを享受している。しかし、一方で、このようなインターフェースの空間は自然環境の一部であり、私たちにコントロールできない側面も見せ、豪雨時は水害を引き起こす。特に近年は気候変動の影響が増大しつつあり、豪雨の程度と頻度の増加が見られる。そのため、快適な環境を提供しつつ、災害時の安全にも寄与する水と緑の空間が、今後、ますます求められる。そこで、ここでは、水と緑の公私計画論の中の「環境・防災論」として、事例紹介を交えつつ、水と緑の公私空間のあり方を、環境、防災の観点から整理したい。

6.1　水と緑の空間の環境

　夏の暑熱環境については、近年の気候変動の影響に加え、都市部では都市ヒートアイランド現象の影響も重なり、都市高温化が日本各地で深刻化している。その影響として、例えば熱中症患者の搬送者数も全国的に増加傾向にあり、地方都市を含む、多くの都市において、暑熱環境の改善に向けた取り組みが求められている。そのような取り組みの1つとして、緑地の冷却効果の活用や、河川を遡上する風の活用などがある。これらを有効に活用するためには、都市内の水と緑の空間を適切に活用することが必要である。

　例えば、**図1**は広島市都心部の相生通りの街路樹をサーモグラフィで撮影したものである。街路樹の樹冠の温度が低い様子が見られる。このような緑は周囲の空気を冷やし、また日陰をつくり、暑い夏の快適空間を創出する。さらにこのような樹木が集まる公園のような緑の空間はより大きな快適空間を創出する。

　また、**図2**は広島市都心部を対象に、スーパーコンピュータ（国立研究開発法人海洋研究開発機構の地球シミュレータ）を利用して、都市気候シミュレーションを行った結果の一部である。河川やその周辺に冷涼な風の道が吹いており、気温が低い様子がうかがえる。

　このように河川およびその周辺の空間は、河川を遡上する風の影響で涼しい快適

環境が創出されている。

　特に気候変動の影響が顕著となりつつある近年では、このような快適空間を都市の中で確保することの重要性は増しつつあり、水と緑の空間づくりによる熱的に快適な環境の整備は、都市の魅力づくりの1つのファクターになると考えられる。

6.2　豪雨による災害の増加

　近年、気候変動の影響が顕著となりつつあり、都市部においても、豪雨災害の高頻度化・激甚化や、夏季暑熱環境の悪化が進んでいる。IPCCの第6次報告書（2021年）によると、この傾向は今後も進むと予想されており、気候変動適応の必要性は増している。

　豪雨災害については、近年、わが国は毎年のように豪雨災害が発生し、河川氾濫や土砂流出により、多くの被害（人的被害、建物被害）が発生している。例えば、2018年以降だけを見ても、平成30年7月豪雨、令和元年台風19号による豪雨、令和2年7月豪雨、令和3年8月の大雨などが発生しており、毎年、国内のいずれかの地域において、豪雨災害が発生している。実際に、気象庁アメダスのデータを見てみると、国内の1時間降水量50 mm以上の年間発生回数は、この40年間で増加している。

　例えば、**図3**は平成30年7月豪雨の際の広島県三原市本郷町の浸水被害エリアと、被災宅地の開発時期を重ね合わせた地図である。これを見ると、被災した宅地の多くは近年に開発されたものであることがわかる。これらは、従来は農地として使用されていた土地が農地転用により宅地化されたエリアである。同様の現象は、例えば福山市にも見られた（**図4**）。従来、水害リスクの高いエリアは農地という可変性の高い土地利用がなされており、これは河川と付き合う人々の知恵であったと言える。このような可変性の高い土地の使い方が、気候変動時代の河川空間の使い方の1つのモデルになると考えられる。

図1　サーモグラフィ画像（道路と街路樹）
（写真提供：松尾薫（大阪公立大学助教））

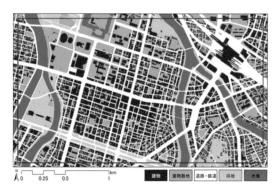

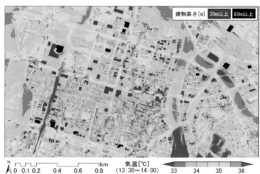

図2　広島市都心部の都市気候シミュレーション結果[1]
（上：土地利用図、下：気温分布）

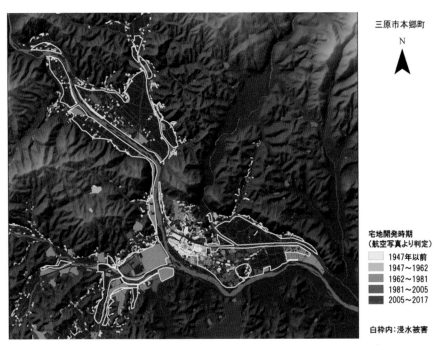

三原市本郷町

N

宅地開発時期
(航空写真より判定)
1947年以前
1947～1962
1962～1981
1981～2005
2005～2017

白枠内：浸水被害

図3　平成30年7月豪雨の際の広島県三原市本郷町の浸水被害エリア[2]
（被災宅地の開発時期を重ね合わせ）（白枠内が浸水被害エリア）

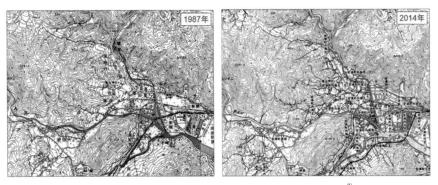

図4　福山市の浸水エリアの土地利用（1987年、2014年）[3]
（青枠内が浸水エリア）

6.3　河川と市街地の緩衝空間（典型モデル）

　ここでは、まず河川と市街地の境界に形成される緩衝空間の典型モデルを**図5**に示す。人工空間である市街地（その多くは私有地）と、自然空間である河川（公有）の境界に公的空間としての緩衝空間が存在する。通常、このような空間は、気候緩和（熱）、風、開放感、視覚的効果（景観）など快適な環境が、河川から自然の恵みとしてもたらされる。これらを積極的に活用しながら、公園などの公的空間が整備されている。また、このような快適空間の中で、さまざまな私的利用がなされているというのが現状である。近年、広島市内で行われている水辺のオープンカフェなどの河川空間利用（**写真1**）はその典型と考えられる。しかし一方で、このような空間は、豪雨時には災害リスクに晒される。前節で述べたように、近年、多くの河川が氾濫しており、緩衝空間は災害時のリスクも考慮する必要がある。

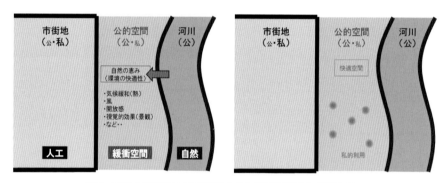

図5　河川と市街地の境界に形成される緩衝空間の典型モデル

写真1　河川空間利用の事例（広島市元安川）

6.4　広島県呉市堺川周辺の事例（公的空間内の私的利用）

　広島県呉市の中心部には堺川という二級河川が流れている。この河川の右岸には中央公園（通称：蔵本公園）という南北約 1km の公園が整備されており、ここでは**図 5** の典型モデルの一例として、この蔵本公園を取り上げたい（**図 6**）。この蔵本公園は、緑と水の公の空間となっており、景観としてもすぐれ、開放感にあふれる快適な環境が形成されている。また、熱環境的にも近隣の商店街と比べても風が通りやすく、夏の気温も低い（**図 7**）。蔵本公園では、このような快適空間を利用した私的利用として、日々屋台の営業が行われている。「大呉市民史」によると、大正時代よりこのエリアでは屋台営業がなされていた記録が残る。時代が下り、1960 年代には 20 軒以上の屋台が営業をしていたが、道路交通法改正により、それまでの営業者もしくはその配偶者や子が営業する場合にのみ営業が許可されるようになった。その結果、時が経つに従い、屋台の軒数は減っていった。しかしその後、屋台の営業場所を道路空間から公園空間とし、条例により新規屋台の営業を可能とした。**写真 2** の白いレンガ舗装のラインより左側が公園敷地となっており、路上屋台のような雰囲気を醸し出している。また、屋台営業用のインフラ（電気、上下水道）も公園側に整備されており、屋台営業者はこれらを使用する（**写真 3**）。現在でも、夜になると多くの屋台の営業が始まり、賑わいの場となっている。

　蔵本公園という河川沿いの水と緑の空間の快適環境が生かされた形で、屋台営業という私的空間利用がなされ、賑わいが生まれ、また呉での生活を楽しく、魅力的なものとしている。屋台営業は夜間のみ行われており、昼間は屋台が見られないが、近年この公園では休日の午前中に「あさまち」という新たな私的空間利用もなされている（**写真 4**）。また、新たな私的空間利用に向けて、「公園内にコーヒースタンドやテーブル、椅子が設置されたら、どんな現象が起こるか？」を明らかにするための実証実験も行われている（**写真 5**）。このように、時間帯や曜日に応じて、1 つの公園でさまざまな私的空間利用がなされ、この公園の利活用の厚みを増している。

　一方、このような空間は、水害のリスクを抱えている。平成 30 年 7 月豪雨の際も、このエリアは浸水に見舞われた。しかし、当然ながら豪雨の際は屋台の出店や「あさまち」なども行われておらず、屋台なども退避していたので、少なくともこれらが大きな被害を受けることはなかった。このように河川空間利用においては、可変性の高い私的利用モデルが有用と考えられる。河川に近い区域は、6.2 節で紹介した農地利用のように、歴史的に見ても可変性の高い空間利用がなされてきたので、これは災害とうまく付き合う空間利用モデルの 1 つと考えられる。また、この

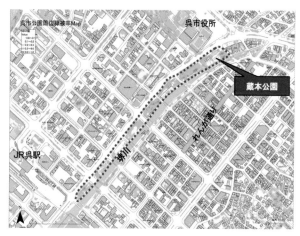

図6　蔵本公園とその周辺エリア

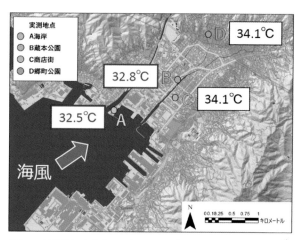

図7　市街地と蔵本公園の気温比較（2021年8月1日14時）[4]
（蔵本公園は、近隣の商店街に比べ気温が1℃以上低い）

　可変性の高い空間利用モデルは外部環境との接続性も高く、日常利用の際にも私たちに快適環境を提供してくれる。

　ただし、2008年に神戸市灘区で発生した都賀川水難事故のような事態は避けねばならない。これについては、それぞれの場所の災害特性に応じた適材適所のデザインが求められる。

写真 2　蔵本公園の屋台

写真 3　屋台営業用のインフラ（左：閉じた状態、右：開いた状態）

写真 4　「あさまち」の様子　　　　　写真 5　実証実験の様子

6.5　民有地の緑と水の空間（私的空間内の公的利用）

　6.4 節とは逆に、私的空間である民有地の緑が、公的空間の快適環境形成や防災に貢献するケースも考えられる。例えば、雨水の貯留、浸透させる構造を持つ「雨庭」が市街地の多くの建物敷地において、生活者の楽しみとともに導入されれば、下流域の水害のリスクは低減される（**写真 6**）。これは、近年では「グリーンインフラ（**図 8**）」と呼ばれているが、例えば呉市中央地区においてシミュレーションを行った結果によると、この「グリーンインフラ」の導入が可能な場所の約 30%の場所に「グリーンインフラ」が導入されれば、呉市中心市街地の浸水被害をほとんど削減することが可能と考えられる（平成 30 年 7 月豪雨レベルの降雨を想定）（**図 9**）。

　また、高度利用がなされている市街地において、建物敷地に樹木が植えられ、それが連続するような街路が形成されれば、景観や熱環境等の快適環境の形成、そして雨水貯留や雨水浸透にも貢献すると考えられる（**図 10**）。このような私的空間内の公的利用は、さまざまな公共の利益につながるため、これからの導入が望まれるが、空間デザイン手法としては既に確立しているので、それを受け入れる社会の工夫が求められる。

写真 6　雨庭（アメリカ・シアトル）
（写真提供：森本幸裕（京都大学名誉教授））

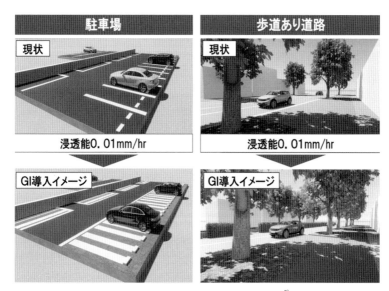

図8　グリーンインフラの導入イメージ[5]

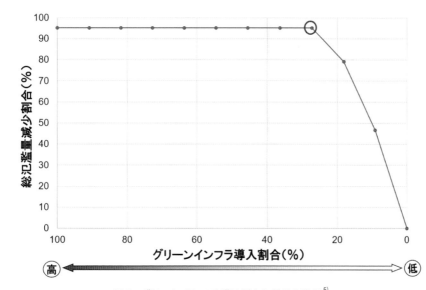

図9　グリーンインフラ導入割合と効果の関係[5]
（呉市中心市街地地区でのシミュレーション結果）

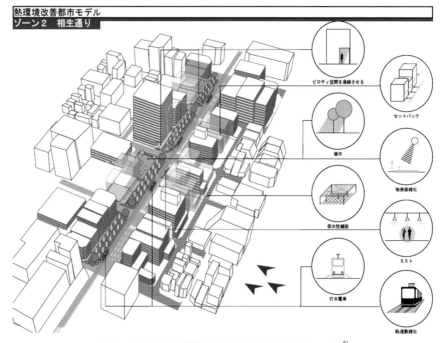

図10　高度利用市街地における敷地内緑化のイメージ[6]
（例：広島市相生通り）

6.6　水と緑の公私空間における環境調和・防災に向けて

　水と緑の公私計画論として、以下の5点が挙げられている。

① 　公私空間の複合的利用

② 　公私空間の主体の多様性

③ 　歴史性・地域性の配慮

④ 　利害関係・市民要望

⑤ 　計画・デザインの工夫

　本章では、特に①⑤に着目して、水と緑の公私空間の環境と防災について論じた。特に河川周辺の公的空間における、可変性の高い私的利用モデルは、快適空間の積極的利用（平常時）、および災害時の被害減少という観点から有効と考えられる。気候変動の影響が顕著になる昨今、このような可変性の高い私的利用モデルの展開が必要と考えられる。また、現段階ではあまり見られないが、雨庭のような私的空間内の公的利用も、今後望まれる。このように公と私が混ざり合う、水と緑の空間

は、市街地空間と自然環境のインターフェースとしてその重要性を増していくものと考えられる。

《参考・引用文献》

1) 横山　真・井上莞志・田中健太・田中貴宏・松尾　薫・杉山　徹・吉原俊朗：都市温暖化緩和のための都市環境デザインガイドラインの作成：広島市都心部における専門家協働ワークショップ実践とアドバイスマップ作成, Annual Report of the Earth Simulator 2020, pp.I-20-1- I-20-6, 2021

2) 田村将太・田中貴宏：三原市本郷都市計画区域における平成 30 年 7 月豪雨の浸水エリアの特徴―浸水想定区域および宅地開発の変遷との関連に着目して, 地域安全学会論文集, 第 35 巻, pp.287-294, 2019

3) 田村将太・田中貴宏：平成 30 年 7 月豪雨の浸水エリアにおける過去の土地利用変遷―広島県呉市、三原市、福山市を対象に, 日本建築学会技術報告集, 第 26 巻 第 62 号, pp.325-330, 2020

4) 山鹿力揮・荒木良太・田村将太・田中貴宏・松尾　薫・横山　真・杉山　徹：都市環境改善・減災を目的とした人口減少適応型グリーンインフラ計画に関する研究 その 1―広島県呉市における 2021 年夏季の気温・風分布分析, 日本建築学会大会学術講梗概集（都市計画）, pp.581-582, 2022

5) 荒木良太・山鹿力揮・片野裕貴・田村将太・田中貴宏：洪水抑制効果に着目した市街地内のグリーンインフラ導入計画シナリオ評価―広島県呉市中央地区を対象とした配置と量の検討, 都市計画論文集, 第 57 巻 第 3 号, pp.508-515, 2022

6) 井上莞志・田中健太・田中貴宏・松尾　薫・横山　真・杉山　徹・吉原俊朗：適材適所の都市熱環境デザインを支援するアドバイスマップのあり方に関する研究―広島都心部を対象とした専門家協働ワークショップを通して, 都市計画研究講演集 19（第 19 回日本都市計画学会中国四国支部研究発表会）, pp.23-24, 2021

第7章 都市河川空間のスケール・プロポーションと領域デザイン論

飯田哲徳

7.1 都市における河川空間

　都市の水辺は、自然の猛威の影を強く映し出す河川から、段階的な水位調節を通じて身近な水辺に至る一連の水系の中に位置づけられ、大河川、中小河川、掘割・運河、水路、鑓水などに分類される（**図1**、**表1**）。大河川は、主に一級水系・二級水系の幹川であり、都市を水害から守る役割を担うのに対して、中小河川は、幹川に注ぐ支派川や都市水路等の比較的規模の大きいものであり、都市中心部のまちの骨格を形成している。都市中心部を水害から守るために、流下能力は必要であるが、流域システムとして一定の水量コントロールがなされている場合には、景観性や親水性に配慮しやすいものとなる。また、河川等から引き込まれた小水路や、敷地内に取り込まれた鑓水は、取水口で水量コントロールがなされており、安定した水量により身近な水辺が形成されている。

　以上のように、都市の水辺には、自然性の高い河川から人為によりコントロールされた水辺まで存在し、また、河川という都市的スケールの公的空間から数メートル幅の水路や鑓水などの敷地スケールの私的な水辺に至るまで段階的に構成されている。

　本章で対象にする都市中心部の中小河川や小水路（**図2**）は、川幅にして数m〜20m程度でヒューマンスケールとの関係性が見られ、左右岸を一体の空間として捉えることが可能な水辺である。そのため、中小河川や小水路そのものは、公共や公的団体が管理する空間であることが多いものの、その水際や通路には私的利用が誘発されるものも少なくない。都市河川空間は、このような公私の関係性を育む器として捉えることができる一方で、都市化の影響を受けやすく、敷地上の制約も大きいことから、このような都市河川空間の特徴を適切に捉え、計画することの重要性は大きいと考えられる。

　ここでは、このような水辺を対象に、まず水辺の有する空間領域を設定し、その特徴となるスケールやプロポーションについて概説したうえで、各種事例を通して、その領域がどのようにデザインされているのか、どのような利用がなされているのかを概観し、都市河川で領域をデザインすることの可能性を考えたい。

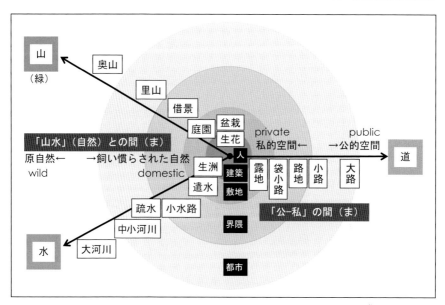

図 1　「私」を中心とした人間－自然、公－私の都市デザイン体系 [1]
（出典：「京都市河川整備方針」(2012)、山田圭二郎 作）

表 1　都市の水辺を構成するタイプ

	大河川	中小河川	小水路	鑓水・生洲
概　要	一級水系・二級水系の幹川で、主に、自然河川や放水路等の人工河川。主に、都市の外縁部、ゾーニングの境界となる	幹川に注ぐ支川、派川や普通河川、都市水路等の比較的規模の大きいもの。都市中心部の骨格を形成する	主に上下水路や農業用水路等の規模の小さいもの。都市内の小規模で身近な水辺となる	主に敷地内の庭園を構成、あるいは、生活を支える水辺となる
水　量	水量は天候に依存し、渇水から洪水まで水量の変化は大きい	水量は天候に依存するものの、一定の水量コントロールがみられる	水量はコントロールされ安定的である	水量はコントロールされ安定的である
自然性	自然性高い	自然～人為性	人為性高い	人為性高い
公共性	公的空間	公的空間	公～私的空間	私的空間
規　模	大自然	都市スケール	界隈スケール	敷地スケール

D_3=20m　　　　　　　　　　　　　　　　D_3=25m

D_1/D_3=0.10

古川 1 : D_1/D_3=4.0m/22.0m=0.18
D_1/D_2=4.0m/11.2m=0.36

D_1/D_3=0.20

巴波川 4 : D_1/D_3=5.3m/19.2m=0.28
D_1/D_2=5.3m/ 7.4m=0.72

高瀬川 3 : D_1/D_3=5.4m/
D_1/D_2=5.4m/

D_1/D_3=0.30

高瀬川 4 : D_1/D_3=5.3m/17.5m=0.30
D_1/D_2=5.3m/ 8.9m=0.60

高瀬川 5 : D_1/D_3=5.5m/18.6m=0.30
D_1/D_2=5.5m/17.6m=0.31

高瀬川 1 : D_1/D_3=6.5m/19.8m=0.33
D_1/D_2=6.5m/10.7m=0.61

高瀬川 2 : D

D_1/D_3=0.40

白川 4 : D_1/D_3=8.0m/18.9m=0.42
D_1/D_2=8.0m/12.4m=0.65

小野川 1 : D_1/D_3=8.8m/19.8m=0.44
D_1/D_2=8.8m/19.8m=0.44

白川 3 : D_1/D_3=9.0m/20.5m=0.44
D_1/D_2=9.0m/17.7m=0.51

小野

D_1/D_3=0.50

巴波川 2 : D_1/D_3=11.2m/22.2m=0.50
D_1/D_2=11.2m/18.2m=0.62

巴波川 1 : D_1/D_3=11.2m/22.3m=0.50
D_1/D_2=11.2m/22.3m=0.50

目黒川 2 : D_1/D_3=13.0m/23.3m=0.56
D_1/D_2=13.0m/22.3m=0.58

巴波川 3 : $D_1/$
$D_1/$

D_1/D_3=0.60

図2　調査対象とした都市河川空間[3)]

$D_3=40m$ $D_3=60m$

凩川 3 : D_1/D_3=15. 0m/79. 9m=0. 19
D_1/D_2=15. 0m/38. 3m=0. 39

凩川 1 : D_1/D_3=17. 0m/98. 7m=0. 17
D_1/D_2=17. 0m/36. 3m=0. 47

20
53

一之江境川 2 : D_1/D_3=8. 7m/31. 6m=0. 28
D_1/D_2=8. 7m/19. 6m=0. 44

凩川 2 : D_1/D_3=18. 0m/67. 7m=0. 27
D_1/D_2=18. 0m/46. 3m=0. 39

0m/20. 8m=0. 34
0m/13. 2m=0. 53

一之江境川 1 : D_1/D_3=7. 7m/22. 8m=0. 34
D_1/D_2=7. 7m/10. 5m=0. 73

浦安境川 1 : D_1/D_3=12. 5m/38. 4m=0. 33
D_1/D_2=12. 5m/23. 7m=0. 53

琵琶湖疏水 1 : D_1/D_3=22. 7m/74. 1m=0. 31
D_1/D_2=22. 7m/33. 8m=0. 67

D3=9. 0m/22. 0m=0. 41
D2=9. 0m/22. 0m=0. 41

道頓堀川 1 : D_1/D_3=12. 4m/30. 0m=0. 41
D_1/D_2=12. 4m/30. 0m=0. 41

/24. 4m=0. 58
/23. 5m=0. 60

浦安境川 2 : D_1/D_3=21. 4m/38. 0m=0. 56
D_1/D_2=21. 4m/26. 5m=0. 81

目黒川 3 : D_1/D_3=25. 3m/47. 4m=0. 53
D_1/D_2=25. 3m/34. 9m=0. 72

小名木川 1 : D_1/D_3=41. 5m/75. 7m=0. 55
D_1/D_2=41. 5m/56. 2m=0. 74

※ 図上のD_1/D_3は、全幅(D_3)に対して河道幅(D_1)の占有する割合を示す。(p.110参照)

7.2 都市河川空間の領域設定

　都市中心部の中小河川や小水路を対象に都市河川空間のまとまりを、視覚的、あるいは空間利用的に分節する手がかりとして、都市河川空間の構成要素である水面や地盤面、沿川建物の壁面、植栽や舗装面の切り替えなどがある。これらの手がかりを元に、水面を中心に領域化された空間を捉えると、**図3**に示すように、河道内空間（Ⅰ次）、水辺空間（Ⅱ次）、沿川空間（Ⅲ次）を設定することができる。このとき、河道内空間（Ⅰ次）は、河川の内側の水面と護岸に囲まれた空間を指し、外側の沿川空間（Ⅲ次）は、沿川に立ち並ぶ建物に囲まれた空間とする。それに対して、水辺空間（Ⅱ次）は、明確に領域化されていない場合もあるが、河道内空間（Ⅰ次）と沿川の歩行空間を含んだ領域として設定することができる。

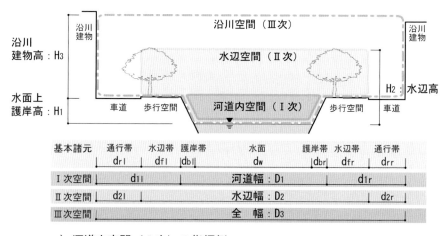

a) 河道内空間（Ⅰ次）の指標例
　① 河道幅：D_1　　　　　　③ 河道幅護岸高比：D_1/H_1
　② 水面上護岸高：H_1　　　④ 河道内水面幅比：d_w/D_1
b) 水辺空間（Ⅱ次）の指標例
　① 水辺幅：D_2　　　　　　③ 水辺空間幅高比：D_2/H_2
　② 水辺高：H_2　　　　　　④ 河道幅水辺空間幅比：D_1/D_2
c) 沿川空間（Ⅲ次）の指標例
　① 全幅：D_3　　　　　　　③ 全幅建物高比：D_3/H_3
　② 沿川建物高：H_3　　　　④ 河道幅全幅比：D_1/D_3

図3　都市河川空間の領域設定[2]

7.3 都市河川空間のスケール・プロポーション

空間のスケールやプロポーションは、適度な広がりと囲われ感、居心地のよさなどの感覚と関係があることは、一般的に知られている。人為的な構成要素が多い都市河川空間においても、空間を評価する際に、広場や街路と同様に程よい囲われ感など評価されるスケール・プロポーションが存在する。7.2 節に示した空間設定を用いて、都市河川のスケール・プロポーションの現状とそこから受ける印象評価について概説したい。

(1) 都市河川空間の現状

表2に示す都市河川の現地調査を行い、定評のある区間（各種文献※等で紹介された事例）と定評のない区間で、スケール・プロポーションを記録すると、その特徴が見えてくる。

まず、街路や広場のプロポーションの定説 D/H に対応する沿川空間（Ⅲ次）のプロポーション D_3/H_3 ついて見てみると、図4（左）に示すように、定評のある区間であっても、$D_3/H_3＝1～9$ に広く分布していることがわかる。これは、水路部分があるため、周辺の土地利用が変わらず建物高が同じとしても、一般の街路空間に比べて

表2　対象とした都市河川 [2]

No.	名称	略称	分類	河道幅員	総幅員	区間数
1	巴波川	T1~4	河川	5-14m	19-22m	4 (3)
2	小野川	O1~4	河川	9-15m	22-31m	4 (3)
4	浦安境川	U1~3	河川	12-25m	38-54m	3 (3)
3	目黒川	M1~3	河川	13-25m	23-47m	3 (0)
8	いたち川	I1~2	河川	15-18m	33-52m	2 (2)
7	尻川	S1~3	河川	15-18m	68-98m	3 (3)
5	相川	A1	河川	25m	38m	1 (0)
9	神田川	K1	河川	35m	49m	1 (0)
6	横十間川	Y1	河川	38m	57m	1 (0)
10	小名木川	On1	河川	42m	76m	1 (0)
11	土佐堀川	To1~2	河川	45m	90-135m	2 (0)
13	高瀬川	Ta1~6	用水路	5-7m	13-26m	6 (6)
15	一之江境川	It1~2	用水路	7-11m	23-32m	2 (2)
12	白川	Sh1~5	用水路	8-9m	17-25m	5 (3)
14	琵琶湖疎水	B1~3	用水路	8-23m	22-74m	3 (3)
16	古川	F1	用水路	11m	22m	1 (0)
19	道頓堀川	D1~2	城濠・運河	12-24m	30-50m	2 (0)
18	堀川	H1~2	城濠・運河	16-21m	30-55m	2 (0)
17	鶴舞城外濠	Ma1	城濠・運河	34m	43m	1 (0)
20	月島川	Tu1	城濠・運河	40m	54m	1 (0)

※区間数の（ ）書き：定評ある区間として，事例集やガイドラインより抽出した区間数

	河川	用水路	運河・堀割
定評のある区間	●	■	▲
定評のない区間	○	□	△

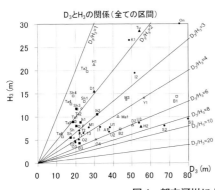

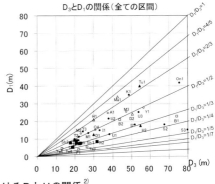

図4　都市河川におけるDとHの関係 [2]

建物間の幅員が広くなり開放的な印象になりやすいことを示している。

　また、都市河川空間特有のD_1/D_3（河道幅全幅比）についてみると、1/3～2/3程度に集中していることがわかる。この値は、全体の幅員に対して河道が占有する割合を示しており、後述するように、水面の主題性やまとまり感などの印象評価に影響することがわかっている。

（2）都市河川空間から受ける印象評価

　都市河川空間の形から受ける印象は、どのような評価を受けるだろうか。中小規模の都市河川を想定して全幅30 mに設定し、プロポーションの諸量を変化させた3Dモデルによる透視図（**図5**）を用いて、複数の評価項目（囲まれ感・開放感、圧迫感、主題性、まとまり感など）について印象評価実験を行った。H_3（建物高）を操作変数としたケースでは、開放感・囲まれ感の評価は、**図6**に示されるようにD_3/H_3が小さくなるほどに

D_3/H_3=30.0m/12.0m=2.5

図5　評価実験に使用したスライド例[2]

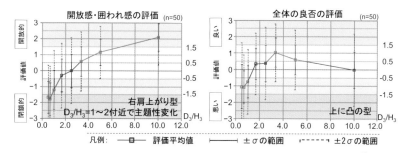

図6　都市河川空間から受ける印象評価（H_3を操作変数としたケース）[2]

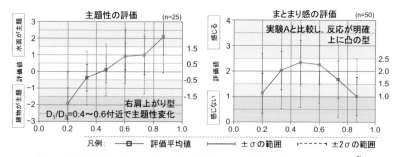

図7　都市河川空間から受ける印象評価（D_1を操作変数としたケース）[2]

窮屈な印象が増し、D_3/H_3 が大きくなるほどに開放的な印象が増す。また、D_1（河道幅）を操作変数としたケースでは、**図7**に示されるように、D_1/D_3 が大きくなるほど、水面の占める割合が大きくなり、水面の主題性が高まる。そして、どちらのケースでも、まとまり感や全体の良否の評価については、上に凸型のグラフ形状であることから、程よいバランスのプロポーションが存在することが確認できる。

7.4 各空間の領域デザイン

　ここでは、7.2で設定した河道内空間（Ⅰ次）、水辺空間（Ⅱ次）、沿川空間（Ⅲ次）に着目して、その領域をデザインする視点で考察したい（**表3**）。まず、河道内空間（Ⅰ次）は、河川や水路機能の確保が前提条件となる。そのプロポーション D_1/H_1 は、河川の中の空間を評価する指標であると同時に、沿川の利用者と水面の関係性を示す指標ともなる。水辺空間（Ⅱ次）は、河道内や沿川の歩行空間を一つの空間として設定したものであり、高木の植栽や遊歩道など水辺沿いの構成要素で領域化される空間である。沿川空間（Ⅲ次）は、沿川の建物までで領域化される空間であり、一般的には都市河川における公的空間の最大領域であり、沿川の土地利用や建物により規定される空間である。以下では、各領域デザインの可能性について、定評のある区間等の事例を交えて紹介したい。

表3　設定した空間領域の操作性

名称	概要	操作性	主な構成要素	主な管理主体
河道内空間 （Ⅰ次空間）	水面、河床、護岸で囲まれた河道内（水路内）の空間	治水上の制約下で水際デザインや水面利用が可能	水面、河床、護岸 等	河川管理者
水辺空間 （Ⅱ次空間）	Ⅰ次空間と付随する歩行空間により形成される水辺空間	水辺の領域設定による水辺空間のデザインが可能	通路、歩道、植栽 等	河川管理者 道路管理者
沿川空間 （Ⅲ次空間）	Ⅱ次空間と沿川建物等の垂直構成要素により形成される空間	沿川空間（民地等）のコントロール、奥行きの確保	沿川の建物、塀、生垣 等	民間

(1) 河道内空間（Ⅰ次）の領域デザイン

　河道内空間（Ⅰ次）は、河川（あるいは、水路）内の水面や護岸で囲まれた空間である。主な構成要素は、水面、河床、護岸、法面であり、必要河積（河川に水を流すために必要とされる断面の大きさ）や HWL 等の条件を基に基本形状が決定

される。沿川の高度利用が進み、河川用地としての余裕が少ない都市河川では、河床掘削を中心とした河川整備が行われてきた。その結果、多くの都市河川で護岸が大きくなり、水辺へのアクセス性は低下してきた。河道内空間（I次）のプロポーション D_1/H_1 が 4〜5 より小さくなる、あるいは護岸高が 2.0〜3.0 m 以上になると空間に対する評価は低下する傾向であることに留意が必要である。

1）　水面に象徴させる

　定評のある区間の都市河川でも、歩行者のいる護岸上と水面との高低差が大きい事例は多いが、小野川（千葉県佐原市）のように、3.0 m 近い高低差を風情ある石積護岸で整備し、とりわけ、水面にアクセスする階段や船着き場等が設置され、観光遊覧船が水上循環バス運行事業として水面上を航行する姿が復活した。水面との距離はあっても、水面を含めて一体的な空間として感じることができる（**図8、写真1**）。

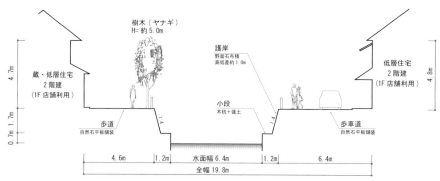

図8　小野川の断面イメージ[3)]

橋上から上流方向の眺め

右岸側道から上流方向の眺め

写真1　小野川（千葉県佐原市）の整備状況

2)　水際へのアクセスをつくる

　水際は、一般的には、出水時の増水や感潮区間における潮汐の影響を受ける場合には、その水位変化を考慮しておく必要があり、例えば、水際への階段等を設置する場合には、その水位変動を考慮した計画高の設定を行うことになる。水面との高低差をコントロールし、水際に近づけるようにした事例としては、道頓堀川のとんぼりリバーウォークがあげられる。

　道頓堀川は、大阪を代表する河川であり、都心南部に残された貴重な水辺空間であるが、治水対策による護岸嵩上げや水質汚濁の進行などによって、人々の関心は水辺から失われ、まちと隔たった存在となっていた。その転機となるのが、2000年の道頓堀川下流側の道頓堀川水門、東横堀川上流側の東横堀川水門の整備である。水門に挟まれた水域では、大雨や高潮時の本川側（土佐堀川・木津川）の水位上昇からの浸水被害を防ぎ、平時は水門操作により、潮汐の影響を受けにくく、水位をほぼ一定に制御（OP+1.7〜2.1 m）し、干満差を利用した導水による水質浄化の役割を担っている。

　道頓堀川沿川には、歩行者空間は存在せず、建物は川に背を向けて並んでいたが、2004 年 12 月に道頓堀川の戎橋〜太左衛門橋間の供用開始を皮切りに、現在までに片側約 8 m 幅員で延長約 1.0 km に及ぶ遊歩道（愛称名：とんぼりリバーウォーク）が整備された。感潮区間であるにもかかわらず、水位変動が小さいことを生かして、遊歩道をできる限り水面に近づける工夫がなされている（**写真 2**）。

　整備後は、水際に歩行者の滞在空間となるテラス整備がなされたことで、D_1/D_3=12.4/30.0 ≒ 0.41 と、水面の主題性は抑えられるが、D_1/H_1=0.3〜0.7 m/12.4 m ≒ 0.03〜0.06 となり、川幅に対する水面の近さが、道頓堀川の非

写真 2　道頓堀川（大阪市）の整備前後[4]

日常性を演出する要素となっている。

　もう1つの特徴として、D_3/H_3＝30.0 m/15.0～21.0 m ≒ 1.4～2.0 と都市河川空間としては、閉鎖性や圧迫感を受けやすい空間と評価される空間であるが、道頓堀川を表玄関として捉え、建物ファサードが改善されたことにより、水面、遊歩道、沿道建物が一体となって、イベントやお祭りが実施され、エンターテイメント空間へと変貌を遂げている。

（2）水辺空間（Ⅱ次）による領域デザイン

　河道内空間（Ⅰ次）や沿川空間（Ⅲ次）が、デザイン上の制約を受けやすい空間であるのに対し、水辺空間（Ⅱ次）の構成要素は通路や高木植栽等であり、水辺の領域を形づくるうえで操作しやすい空間と言える。**図9**に示すように、沿川空間（Ⅲ次）のプロポーション D_3/H_3 は1～7程度に多く分布しているが、領域化された水辺空間（Ⅱ次）を捉えると、定評ある区間の多くのプロポーション D_2/H_2 が1～4程度に収束している。このことからもわかるように、定評ある区間では、さまざまな制約がある中でも、比較的操作しやすい構成要素を持つ水辺空間（Ⅱ次）の領域で工夫されていることがわかる。

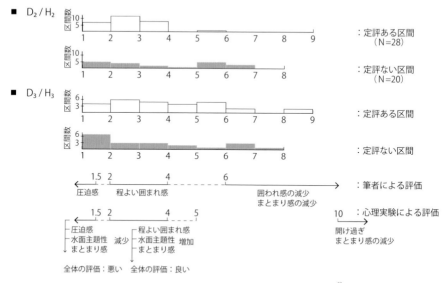

図9　水辺空間（Ⅱ次）と沿川空間（Ⅲ次）の評価[3]

1）水辺の領域をつくる

　全幅建物高比：D_3/H_3＜2 では、沿川建物の圧迫感が強く、建物の主題性が強い

写真3　高瀬川（京都市）、白川（京都市）

空間となりやすい。そのため、沿川建物の垂直性を緩和することが必要になる。例えば、高瀬川（京都府京都市）や白川（京都府京都市）では、サクラなど樹冠幅のある高木の並木により、垂直方向に対する領域化が、居心地のよい水辺空間を創出する有効な手段となっている（**写真3**）。

2）空間にまとまりをつくる

全幅建物高比：$D_3/H_3 > 4$ では、沿川建物による囲われ感が減少し、開け過ぎの印象となる。そのため、空間を分節化・領域化する植栽の配置により、空間にまとまりを与えることが有効である（**図10**）。

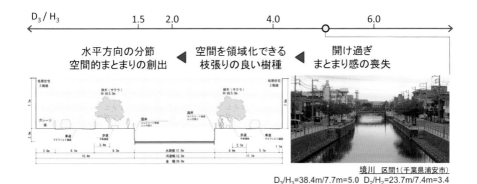

図10　浦安境川（千葉県浦安市）の事例[3]

（3）沿川空間（Ⅲ次）による領域デザイン

沿川空間（Ⅲ次）は、沿川の建物が領域を形成する空間であり、一般的には都市河川における公的空間の最大領域である。そのプロポーションは沿川の建物に規定されるため、第2章で示された一之江境川沿川の事例のように、沿川建物の高さ

や土地利用のコントロールを効かせることが有効であり、形作られた空間に対して、どのようにアプローチするかが重要である。

1）沿川空間（Ⅲ次）を有効に使う

　全幅建物高比：$D_3/H_3＝2〜4$ では、沿川空間（Ⅲ次）として程よい囲われ感の空間となる。この場合、空間を領域化するような植栽は必ずしも必要ではない。例えば、小野川（千葉県香取市）や巴波川（栃木県栃木市）では、植栽を配置せずとも良好な囲われ感を持つ空間であるが、この場合、樹冠の広がりがなく透過性の高いシダレヤナギを植栽することにより、植栽は添景として扱われ、沿川空間（Ⅲ次）のプロポーションの良さを生かしながら、緑陰の創出や歴史的空間の演出がなされている（**図 11**）。

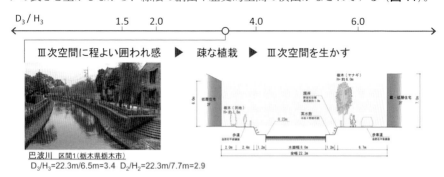

図11　巴波川（栃木県栃木市）の事例 [3]

2）奥行き感を演出する（沿川の領域を広げる）

　沿川建物の密度が高い都市河川の沿川から通り一本挟むと水辺が全く意識できなくなる経験をすることがある。これは、まちと沿川の領域が明確に分かれているこ

写真4　堀川の納屋橋夜市（名古屋市）

とを意味する。このようなまちと沿川がつながるには、沿川空間（Ⅲ次）沿いにある私的空間の公的利用が有効である。その結果、領域をまたいだ空間の連続性が生まれ、その背後にあるまちの領域へとつながり、奥行きのある空間を感じることができる。結び目となる橋詰空間や親水広場等が一役を担い、水辺の魅力が高まると、建物低層部をカフェやレストランとしてオープンにするなど、民間による創意工夫が誘発され、まちの賑わいを感じられる装置ともなるのである（**写真 4**）。

7.5 都市河川空間の可能性

　本章では、河道内空間（Ⅰ次）、水辺空間（Ⅱ次）、沿川空間（Ⅲ次）と水辺を中心とした空間領域を設定することにより、都市河川空間の形の特徴を把握したうえで計画することの可能性について論じ、公私計画論の5つの論点からみると、多様な主体により複合的利用がなされる都市河川空間を対象として、「計画・デザインの工夫」について示唆を与えることができた。水辺空間として挿入される空間は、その領域化の仕方によって、さまざまな可能性を持っており、大きな水系システムの中で水辺空間を捉えれば、対象としている水辺の性質を的確に捉え、計画作法に取り入れることが可能となる。

《参考・引用文献》

1) 京都市：京都市河川整備方針 —京都らしい川づくり・水辺づくり，p.8，2012
2) 飯田哲徳・篠原　修：都市河川のプロポーション分析とデザイン，景観・デザイン研究講演集 7，pp.140-147，2011
3) 飯田哲徳：都市河川のプロポーション分析とデザイン，政策研究大学院大学開発政策プログラム 修士論文，2011
4) 大阪市 HP「道頓堀川の水辺整備」（2022.11.18 更新）
   https://www.city.osaka.lg.jp/kensetsu/page/0000010881.html

事例

Example

全国水辺の公私空間マップ
―全国における水辺の公私空間の分布―

小海　諄

　本書を出版するにあたり、水辺の公私計画を論じるうえで各委員が視察・調査を実施した水辺を事例として取りまとめ、序論で示した公私計画論の特性に分類している。全国における「公と私」の係わりが特有の空間を形成している水辺であり、読者の皆様が水辺を訪れ・歩き・楽しみ・調べる際に役立てていただきたい。

　本章の構成は以下となっている。

（1）代表的な水辺の公私空間

　全国の事例から、「公と私」の観点から、市民の生活と関係した地域性や歴史的な連続性がある歴史性、都市空間が整備されるうえで形成された水辺など、特徴的な事例を6事例取り上げ詳述している。

（2）全国における水辺の公私空間事例集

　全国における水辺を一覧として整理し、概要を取りまとめるとともに、各事例を序論で述べた「複合的利用」「主体の多様性」「歴史性・地域性への配慮」「利害関係・市民要望」「計画・デザインの工夫」に位置づけている。

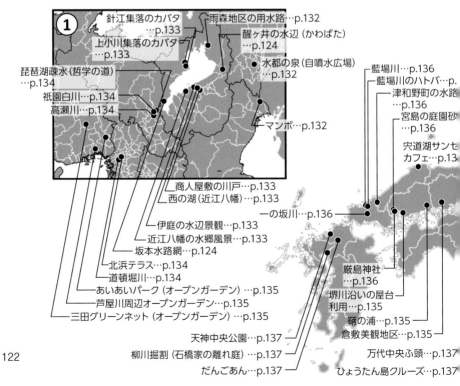

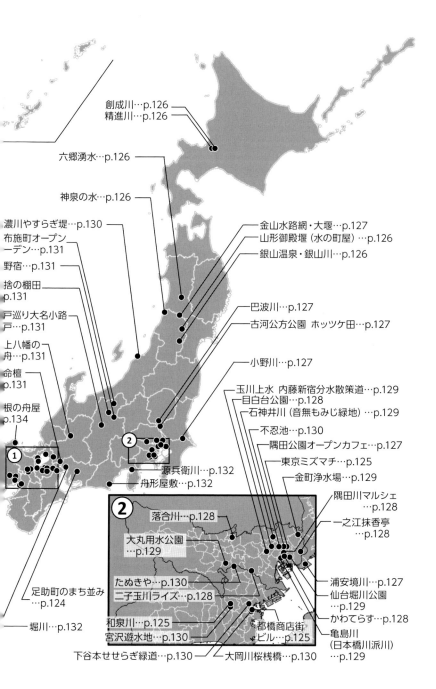

創成川…p.126
精進川…p.126

六郷湧水…p.126

神泉の水…p.126

濃川やすらぎ堤…p.130
布施町オープン
ーデン…p.131
野宿…p.131
捨の棚田
p.131
戸巡り大名小路
戸…p.131
上八幡の
舟…p.131
命檀
p.131
根の舟屋
p.134

金山水路網・大堰…p.127
山形御殿堰（水の町屋）…p.126
銀山温泉・銀山川…p.126

巴波川…p.127
古河公方公園　ホッツケ田…p.127

小野川…p.127

玉川上水　内藤新宿分水散策道…p.129
目白台公園…p.128
石神井川（音無もみじ緑地）…p.129

不忍池…p.130
隅田公園オープンカフェ…p.127
東京ミズマチ…p.125
金町浄水場…p.129

源兵衛川…p.132
舟形屋敷…p.132

足助町のまち並み
…p.124

堀川…p.132

隅田川マルシェ
…p.128
一之江抹香亭
…p.128

浦安境川…p.127
仙台堀川公園
…p.129
かわてらす…p.128
亀島川
（日本橋川派川）
…p.129

落合川…p.128

大丸用水公園
…p.129

たぬきや…p.130
二子玉川ライズ…p.128
和泉川…p.125
宮沢遊水地…p.130

都橋商店街
ビル…p.125

下谷本せせらぎ緑道…p.130
大岡川桜桟橋…p.130

123

(1) 代表的な水辺の公私空間

◎ 自然の水の流れが寺をめぐり人の営みに寄りそう
　　（滋賀県大津市：坂本水路網）

　　比叡山延暦寺と日吉大社の門前町として栄えた坂本では、数多くの寺が穴太衆（あのおしゅう）積みの石垣に囲まれている。山から流れ出た遣り水が複数の流れとなって、寺社の庭園の池に流れ込み、また次の寺社へとめぐっていく。「自然の水を次第に人の側に近づけ、身近な空間で人々はそれを楽しむ」技を示している。（山田圭二郎『間と景観』より）

◎ 百年にわたる住民主体の河川清掃により「かわばた」の賑わいを創出
　　（滋賀県米原市：醒ヶ井の水辺）

　　滋賀県米原市に位置する醒ヶ井は、湖北八景の１つに数えられ江戸時代には中山道の61番目の宿場町として栄えた。この町中を初夏から晩夏にかけて水中花「梅花藻」が咲く地蔵川が流れている。地蔵川は上流にある加茂神社の境内石垣から「居醒の清水」と呼ばれる湧水のほかに２つの湧水が合流しながらまち並みに沿い流れ、この河畔に地区住民が利用できる「かわばた」と呼ばれる石段が設けられ、川沿いの民家の敷地には石段のほかに畜養生簀も見られ地区内には72か所程ある。

◎ 三州街道（塩の道）の宿場町として栄えた足助川沿いのまち並み
　　（愛知県豊田市：足助町のまち並み）

　　三州街道（塩の道）の宿場町として栄えた足助のまち並みは、愛知県で初めて選定された「重要伝統的建造物群」である。間口が狭く奥行きが深い短冊状の敷地に、平入と妻入形式の家屋が混在して立ち並ぶ。背後には足助川が流れ、限られた土地を有効活用すべく、川沿いの石垣上まで張り出すように家屋が建てられている。街路と護岸に高低差があるところでは、護岸上（地下階）に物置（シタヤ）を設けており、３階建てのような水辺景観が形成されている。

◎ 歴史的文脈より生まれた公私複合型の水辺の繁華的空間
(神奈川県横浜市：都橋商店街ビル)

　　都橋商店街ビルは、横浜市大岡川沿いの河川護岸上に建つ弓形の平面形態を持つ特異な建築物である。都橋商店街ビルの建設は、戦後、野毛地区周辺に発生した無数の露店群に対する公有地への集約に端を発しており、早急な露店集約が求められたことから、横浜市管理の河川沿いの荷揚げ場を埋め立てるかたちで 1964 年に建設された。歴史的な事情が相まって、川辺に私的な場（飲み屋）が集約された都橋商店街ビルは、2016 年には「横浜市登録歴史的建造物」に登録され、野毛地区の繁華性を象徴する公私が複合した建築物として再評価されている。

◎ 賑わい地区をつなぐ水とみどりによる公私空間の一体化
(東京都台東区・墨田区：北十間川、隅田公園、東京ミズマチ)

　　東京スカイツリータウンと浅草地区の回遊性を高め、両地区の賑わいをつなぐ水辺・みどり空間の整備が、地元代表者、関係事業者らで構成される「北十間川水辺活用協議会（2018 年3 月設立）」によって検討され、墨田区を事業主体とした「北十間川・墨田公園観光回遊路整備事業」が実施された。この事業では、隅田川の東武鉄道橋梁に沿って「すみだリバーウォーク」が架設され、北十間川沿いの高架下は東武鉄道 (株) によって商業施設（東京ミズマチ）が整備された。また、東京都は護岸と親水テラス基盤の整備、墨田区は隣接する墨田公園の整備（そよ風ひろば）、区道のコミュニティ道路化、テラスの修景整備を実施している。

◎ 地域住民と行政の連携による良好な水辺空間の維持
(神奈川県横浜市：和泉川)

　　横浜市を流下する和泉川は、かつてはドブ川であり市民が水と触れ合うことは少なかった。しかし、多自然川づくりのもと良好な景観が整備され、現在では行政と住民の役割分担による管理を通じて、地域住民の憩いの空間や生物の多様性が創出・維持され、自然学習の場としても活用されている。

（2）全国における水辺の公私空間事例集

精進川（懐かしい水辺）		創成川（川の下は道路）	
北海道札幌市	歴史性・地域性への配慮	北海道札幌市	複合的利用
河畔林の保全や川の生態学の復活、景観・親水性の向上などをテーマに「ふるさとの川づくり」に取り組んだ。		1871年整備の歴史ある創成川を「創成川アンダーパス連続化事業」で道路はトンネルに地上部は水辺公園とした。	

六郷湧水		神泉の水	
秋田県仙北郡	歴史性・地域性への配慮	山形県遊佐町	歴史性・地域性への配慮
扇状地に標高40数mの箇所に60を超える清水（しず）が点在。ボランティアにより毎週池の水を空にし、ゴミや落ち葉を清掃。		女鹿集落内に設けられた湧水を引き込んだ6層にも及ぶ共同洗い場。	

山形御殿堰（水の町屋）		銀山温泉・銀山川	
山形県山形市	歴史性・地域性への配慮	山形県尾花沢市	計画・デザインの工夫
400年の歴史を持つ山形五堰の1つ・御殿堰に伝統的な石積水路を再現した。		めずらしい三層四層の木造バルコニーが賑やかな温泉場を演出する。	

金山水路網・大堰	
山形県金山町	歴史性・地域性への配慮

国の制度に頼らないまちづくりであり、町中を網羅する水路網は融雪溝にもなり、下流では農業用水にもなる。

古河公方公園 ホッツケ田	
茨城県古河市	主体の多様性

御所沼に水田を干拓した歴史を思い起こし子供たちと田植えイベントが実施されている。

巴波川	
栃木県栃木市	歴史性・地域性への配慮

蔵のまち並みに流れる巴波川。遊覧船から眺めると一味違った風景が味わえる。

浦安境川	
千葉県浦安市	主体の多様性

住宅地を流れる浦安境川。水際のベンチと背後の緑陰により、水辺空間を形成。

小野川	
千葉県佐原市	歴史性・地域性への配慮

重要伝統的建造物群保存地区の中心を流れ、沿川の建物とともに江戸情緒を感じる空間に。

隅田公園オープンカフェ	
東京都台東区	計画・デザインの工夫

河川占用特例により設置された隅田川沿いの公園内の飲食の場。

かわてらす

東京都江東区	計画・デザインの工夫

隅田川の景色を一望できる民間設置の親水拠点。

隅田川マルシェ

東京都江東区	利害関係・市民要望

隅田川テラスを活用した地域主導の賑わいイベント。

落合川

東京都東久留米市	利害関係・市民要望

近隣の子供たちの遊び環境として位置づけられている湧水河川。

二子玉川ライズ

東京都世田谷区	計画・デザインの工夫

国分寺崖線の緑と多摩川の空間をつなぎ、地勢と水脈を取り込み、低層棟上部にはルーフガーデンを設置している。

一之江抹香亭（一之江境川親水公園）

東京都江戸川区	複合的利用

一之江の歴史とともに後世に伝えていくため名づけられた親水公園沿線にある旧家「一之江抹香亭」。

目白台公園

東京都豊島区	計画・デザインの工夫

目白台と神田川をつなぐ崖線の緑に包まれて、地域の水と緑のオープンスペースとなっている。

金町浄水場

東京都葛飾区	歴史性・地域性への配慮

矢切の渡しが近い江戸川から東京市街地
へ飲み水を送る浄水場の取水施設。

玉川上水 内藤新宿分水散策道

東京都新宿区	計画・デザインの工夫

かつて江戸市中へ水を送った多摩川上水
分水路を現代の水辺復活をテーマに復活。

石神井川(音無もみじ緑地)

東京都北区	主体の多様性

すり鉢状のため、川岸近くまで降りて水
辺に近づき、水鳥と魚の群れを間近で見
られる。付近は自然観察路に指定され野
鳥が多く飛来するところでもある。

亀島川(日本橋川派川)

東京都中央区	主体の多様性

水門に挟まれたこの区間には高潮堤防が
なく街が水辺に近く見える。

大丸用水公園

東京都稲城市	歴史性・地域性への配慮

用水 300 年の歴史を継承し今も変わらな
い風景で、水を制御するための「伏越」
や「掛樋」などの技術が生かされている。

仙台堀川公園

東京都江東区	主体の多様性

江東区の運河であった仙台堀川公園は、
街を縫うような緑のネットワークとなり、
人と犬の散歩道となっている。

不忍池		大岡川桜桟橋	
東京都台東区	歴史性・地域性への配慮	神奈川県横浜市	主体の多様性
江戸時代から庶民の憩いの場。不忍池には流入河川がないため、湧出地下水のほか、鉄道の湧出地下水にも頼る。		日常的な利用が行われる地域管理によるレクリエーション桟橋。	

下谷本せせらぎ緑道		宮沢遊水地	
神奈川県横浜市	主体の多様性	神奈川県横浜市	複合的利用
住民の改善要望を受け、排水暗渠と親水水路の2段河川とし、魅力ある水辺を復活させた。		里山と一体の遊水地は、生物多様性と地域文化継承にも貢献する場となり、めがね橋周囲は釣り場にも利用されている。	

たぬきや		信濃川やすらぎ堤	
神奈川県川崎市	利害関係・市民要望	新潟県新潟市	計画・デザインの工夫
2018年10月末まで多摩川河川敷に立地していた休憩茶屋。昭和初期ごろは100軒ほどの茶店や屋台が立ち並んでいた。		アウトドア会社が日常的管理を担う都市型の親水拠点。	

小布施町オープンガーデン		海野宿	
長野県小布施町	複合的利用	長野県東御市	歴史性・地域性への配慮
地域内には水路が張り巡らされており、そうした中にいくつものオープンガーデンが存在する。		江戸時代の街道宿場の役割を終えた後も、養蚕業で栄え、中央の水路は生活用水として使われた。	

姨捨の棚田		井戸巡り　大名小路井戸	
長野県千曲市	主体の多様性	長野県松本市	歴史性・地域性への配慮
土石流が形成した棚田とその水源である更級川上流の大池が有機的に結びついている。		地域には「水めぐりの井戸整備事業」によって整備された井戸があり、ネットワーク化されている。	

郡上八幡の水舟		助命壇	
岐阜県郡上市	主体の多様性	岐阜県海津市	歴史性・地域性への配慮
段階的かつ多目的な水利施設。		川と共に暮らす工夫。集落内の大地主の敷地の一角にある集落内の誰もが利用できる（相互扶助）の避難場所。	

水都の泉(自噴水広場)

岐阜県大垣市	計画・デザインの工夫

大垣市内の街かどには自噴水をテーマにした交流広場が見られる。

舟形屋敷

静岡県焼津市	歴史性・地域性への配慮

川と共に暮らす工夫。洪水であふれた水流の方向に対して舟形の屋敷の舳先を向け、水流を和らげる。

源兵衛川

静岡県三島市	計画・デザインの工夫

市街地内を流れる地域組織の継続活動により再生された清涼な水辺空間。

堀川

愛知県名古屋市	複合的利用

暖色系の照明が水面に反射し、幻想的な夜景を演出。この日は水辺の遊歩道で夜市が開催。

マンボ

三重県いなべ市	利害関係・市民要望

中部地方ではマンボと呼称される横井戸、隧道が多数あり、住民生活を支える水場として現在も活用されている。

雨森地区の用水路

滋賀県長浜市	複合的利用

住民主体のまちづくり。

近江八幡の水郷風景		伊庭の水辺景観	
滋賀県近江八幡市	歴史性・地域性への配慮	滋賀県東近江市	歴史性・地域性への配慮
重要文化的景観第一号。城下町と商家町を合わせ持ち、かつては物資を運びあげた八幡堀に人々が往来する。		カワトが多く残る重要文化的景観。	

商人屋敷の川戸		上小川集落のカバタ	
滋賀県東近江市	利害関係・市民要望	滋賀県高島市	複合的利用
近江商人屋敷の敷地内に設けられた水路を引き込んだ洗い場。		カワトとカバタの併用型。	

針江集落のカバタ		西の湖（近江八幡）	
滋賀県高島市	複合的利用	滋賀県近江八幡市	主体の多様性
琵琶湖周辺の集落ではカバタ（水場）が多く残る重要文化的景観。針江集落では生物浄化が昔から行われている。		かつて生活の糧であった葦原を手漕ぎ舟で水郷巡り。	

祇園白川		高瀬川	
京都府京都市	計画・デザインの工夫	京都府京都市	計画・デザインの工夫
橋を渡る人、水上デッキでくつろぐ人、道沿いを歩く人、思い思いに水面を眺められる。		高瀬川の安定した水量を生かし、護岸を切り下げ、水に親しみやすい領域を形成。	

琵琶湖疎水（哲学の道）		伊根の舟屋	
京都府京都市	計画・デザインの工夫	京都府与謝郡	歴史性・地域性への配慮
琵琶湖疎水沿いに続く哲学の道。京都の水辺には柵が少なく、水辺空間が豊かに見える。		重要伝統的建造物群の舟屋群。	

道頓堀川		北浜テラス	
大阪府大阪市	計画・デザインの工夫	大阪府大阪市	計画・デザインの工夫
遊歩道整備で水面を近くに感じられる落ち着いた空間に。民間による賑わい創出の取り組みも実施。		河川占用特例により設けられた川沿いに連立する縁台形式のテラス。	

あいあいパーク（オープンガーデン）		芦屋川周辺オープンガーデン	
兵庫県宝塚市	複合的利用	兵庫県芦屋市	複合的利用
宝塚地区のオープンガーデンの拠点となっている「あいあいパーク」。		芦屋川沿川の業平公園の花壇や芦屋川に近い芦屋市役所前などにはオープンガーデンがある。	

三田グリーンネット（オープンガーデン）		倉敷美観地区	
兵庫県三田市	複合的利用	岡山県倉敷市	歴史性・地域性への配慮
コンサートが開催されるなど、工夫を施した三田グリーンネットのオープンガーデン		美観地区（現景観地区）のまち並みを流れる倉敷川には観光船が行き交う。	

鞆の浦		堺川沿い（中央公園）の屋台利用	
広島県福山市	歴史性・地域性への配慮	広島県呉市	主体の多様性
日本遺産になった潮待ちの港。		中央公園に接する道路空間の一部を公園とし、屋台出店を可能としている。電気・上下水道ユニットも設置。	

宮島の庭園砂防		厳島神社	
広島県廿日市市	主体の多様性	広島県廿日市市	計画・デザインの工夫
庭師による砂防施設と老舗旅館。		宮島の主峰、弥山を背に瀬戸内の海上に建つ社殿と大鳥居。	

藍場川のハトバ		藍場川	
山口県萩市	利害関係・市民要望	山口県萩市	利害関係・市民要望
ハトバが残る史跡:旧湯川邸。		家々の出入口を通じて私的空間となり、道路から川全体が公的空間である。	

一の坂川		津和野町の水路	
山口県山口市	主体の多様性	島根県鹿足郡	歴史性・地域性への配慮
若々しい桜並木と風情あるまち並みに囲まれたホタル飛び交う河川整備。		菖蒲と錦鯉が美しい城下町の水路。	

宍道湖サンセットカフェ

島根県出雲市	複合的利用

宍戸湖湖畔に設けられた小規模な飲食販売店舗。

ひょうたん島クルーズ

徳島県徳島市	複合的利用

河川占用の規制緩和により実現した新町川に浮かぶ観光船発着場兼飲食提供施設。

万代中央ふ頭

徳島県徳島市	利害関係・市民要望

民間主体による港湾倉庫群の連鎖的活用を通した港湾地域の賑わい創出に向けた取り組み。

柳川掘割（石橋家の離れ庭）

福岡県柳川市	主体の多様性

全国的に珍しい、対岸の屋敷から掘割を挟んで眺める庭で、掘割の水を造詣に生かした「離れ庭」。

だんごあん

福岡県朝倉市	複合的利用

川の上に縁台形式の川床を設けた水辺環境と一体化した飲食空間。

天神中央公園

福岡県福岡市	計画・デザインの工夫

河川沿いの都市公園の立地性を生かしたPark-PFI事業。

執 筆 者 一 覧 (五十音順)

●青木　秀史 （あおき　ひでふみ）
現職　（株）オリエンタルコンサルタンツ　関東支社　都市政策・デザイン部都市政策
　　　チーム
出身　1991 年　宮崎県生まれ
学歴　2015 年　日本大学大学院理工学研究科海洋建築工学専攻博士前期課程修了
専門　都市・地域計画、市街地整備、技術士（建設部門）都市及び地方計画

●飯田　哲徳 （いいだ　よしのり）
現職　（株）建設技術研究所　大阪本社　道路交通部都市室
出身　1981 年　大阪府生まれ
学歴　2006 年　京都大学大学院工学研究科都市環境工学専攻博士前期課程修了
　　　2010 年　政策研究大学院大学開発政策プログラム修士課程修了
専門　公園計画・設計、駅前広場計画、景観デザイン、技術士（建設部門）建設環境・
　　　都市及び地方計画、登録ランドスケープアーキテクト

●市川　尚紀 （いちかわ　たかのり）
現職　近畿大学工学部建築学科　教授
出身　1971 年　東京都生まれ
学歴　1993 年　東京理科大学工学部建築学科卒業
　　　2005 年　博士（工学）（東京理科大学）
専門　建築計画、建築設計、環境設計、まちづくり、一級建築士

●岡村　幸二 （おかむら　こうじ）
現職　（株）建設技術研究所（2022 年退職）
出身　1951 年　東京都生まれ
学歴　1976 年　東京工業大学土木工学科卒業
専門　景観デザイン、技術士（建設部門・総合技術監理部門）都市及び地方計画

●上山　肇 （かみやま　はじめ）
現職　法政大学大学院政策創造研究科　教授
出身　1961 年　東京都生まれ
学歴　1995 年　千葉大学大学院自然科学研究科博士課程修了　博士（工学）
　　　2011 年　法政大学大学院政策創造研究科博士課程修了　博士（政策学）
専門　都市政策、まちづくり、一級建築士

●**畔柳　昭雄**（くろやなぎ　あきお）
現職：日本大学名誉教授、香川大学客員教授
出身：1952 年　三重県生まれ
学歴：日本大学大学院理工学研究科建築学専攻博士課程後期　工学博士
専門：建築計画、親水工学、一級建築士

●**小海　諄**（こうみ　じゅん）
現職　（株）野村総合研究所　コンサルティング事業本部　社会システムコンサルティング部
出身　1992 年　東京都生まれ
学歴　2018 年　日本大学大学院理工学研究科海洋建築工学専攻博士前期課程修了
専門　交通計画、技術士（建設部門）都市及び地方計画

●**菅原　遼**（すがはら　りょう）
現職　日本大学理工学部海洋建築工学科　助教
出身　1987 年　神奈川県生まれ
学歴　2012 年　日本大学大学院理工学研究科海洋建築工学専攻博士前期課程修了
　　　2015 年　博士（工学）（日本大学）
専門　地域計画、建築計画、親水工学

●**田中　貴宏**（たなか　たかひろ）
現職　広島大学大学院先進理工系科学研究科建築学プログラム　教授
出身　1974 年　埼玉県生まれ
学歴　1999 年　横浜国立大学大学院工学研究科人工環境システム学専攻修了
　　　2003 年　博士（工学）（横浜国立大学）
専門　都市・建築計画、都市科学、GIS

●**村川　三郎**（むらかわ　さぶろう）
現職　広島大学名誉教授
出身　1944 年　千葉県生まれ
学歴　1969 年　東京工業大学大学院理工学研究科建築学専攻修士課程修了
　　　1976 年　工学博士（東京工業大学）
専門　建築環境、建築・都市の水環境、給排水衛生設備、一級建築士

水辺の公私計画論

地域の生活を彩る公と私の場づくり　　　　定価はカバーに表示してあります。

2023年5月20日　1版1刷発行　　　　　　ISBN 978-4-7655-2643-2 C3052

編　者　一般社団法人　日本建築学会

発行者　長　　　　滋　彦

発行所　技報堂出版株式会社

〒101-0051　東京都千代田区神田神保町1-2-5
電　話　営　業　（０３）（５２１７）０８８５
編　集　（０３）（５２１７）０８８１
ＦＡＸ　　　　　（０３）（５２１７）０８８６
振替口座　00140-4-10
Ｕ　Ｒ　Ｌ　http://gihodobooks.jp/

日本書籍出版協会会員
自然科学書協会会員
土木・建築書協会会員

Printed in Japan

装幀　ジンキッズ　　印刷・製本　昭和情報プロセス